让知识成为每个人的力量

爱，需要学习

陈海贤 / 著

新 星 出 版 社 NEW STAR PRESS

学习爱，趁我们还爱

我是一名心理咨询师，也是一名亲密关系专家。每周我都会接待来自全国各地的家庭或伴侣，和他们一起处理亲密关系的难题。

我见过一个频繁更换恋爱对象，却从未真正走进一段长久的亲密关系的年轻人，他说："每次遇到一个有好感的人，在相处中，一旦发现对方的缺点，我就很担心日后产生更多失望，会马上从这段感情中撤出来。我知道没有谁是完美的，但就是无法接受不完美恋人。"

我见过一个下了班却不愿回家的丈夫，他说："我也想有一个温暖的家，可是一想到回家要面对冷着脸的老婆，陷入无休止的争吵，我就想找个借口待在公司。我每天都装作很忙的样子，别人都觉得我事业成功、家庭幸福，怎么也不会想到，我是一个有家不能回的男人。"

而他的妻子却对他说："你总是不回家，有时候给你打电话，你说现在不方便，等会儿回我，却总是忘了回。以前我还会傻傻地等你回电话，但现在不会了。我学会了用冷冷的眼神看你，学会了在难过的时候跟自己说，别矫情了，没有你我也能活。"

我见过一个难以从丈夫出轨的伤痛中走出来的妻子，她说："我不想让他留在我心里的伤口痊愈。我知道如果我不去想，它会慢慢过去。可我就是要不断去戳这个伤口，虽然每戳一下，我自己也会痛一次。我想让他知道，他伤害了我，他一天不承认，我就要痛给他看一天。"

我听过很多故事，在这些故事里，我不是游离于他们关系之外的指指点点的旁观者，而是亲历者。我跟这些伴侣共同经历过相遇的快乐、争吵的痛苦、分离的失落和重逢的欣喜。我了解亲密关系对每个人意味着什么，也知道人们容易在哪里迷路。

看到终于找回彼此的伴侣，我会替他们高兴；看到再怎么努力也无法靠近的伴侣，我会惋惜地想：如果在关系还没有这么大裂痕的时候，他们就知道怎么爱彼此，也许结局就会不一样。

亲密关系如此重要，但大多数人对经营它一无所知

亲密关系是人生中最重要的事。我们终此一生，都在寻找一个爱自己、懂自己的伴侣。如果找到了，我们的内心就会安定下来；如果找不到，心就会乱，我们就会在孤独中迷失自己，不知道人生的意义在哪里。而最大的孤独是，明明你已经在一段亲密关系里，却找不到说话的人。因为你知道，你想说的话，他不想听，也听不懂。

亲密关系如此重要，然而，与它的重要性形成鲜明对比的是，大部分人对怎么经营亲密关系一无所知。

很多时候，人们凭着本能的冲动、想当然的应该，以及从原生家庭中继承的微薄的经验——有时候还是不好的经验，走进自己的亲密关系，就像一头大象闯进了装满古董的瓷器店。直到瓷器碎了一地，他们才会意识到自己经营亲密关系的方式可能有问题。

很多痛苦的伴侣从来没有了解和学习过怎么去爱。他们不知道，除了一遍遍重复痛苦，他们也可以换个方式相处，一个让彼此都获得滋养的方式。

如何换个方式呢？

在咨询中，遇到矛盾中的伴侣，我会做很多工作：

我会让伴侣看清，两个人的行为是如何相互配合、相互影响，从而让痛苦在彼此之间循环；

我会让伴侣了解在关系模式背后，他们内心深处的爱和怕；

我会尽一切可能创造新的联结机会，让两颗心重新靠近，并把这种靠近的温馨变成新的相处经验；

我会和他们一起去发现和创造新的故事。从"我遇到的人不够好"的故事，慢慢转到"两个各自有缺陷的人，怎么共同面对关系难题"的故事。

这些咨询室里的经验，都凝聚在这本书里。

按照亲密关系的发生逻辑和每个阶段需要应对的挑战，这本书共分为六章：

第一章，我会带你了解亲密关系背后的动力和阻碍，帮你做好进入亲密关系的心理准备；

第二章，我会教你理解亲密关系背后的语言，学会与伴侣有效沟通；

第三章，我会告诉你如何打造与伴侣的关系空间，在亲密和自由之间找到平衡；

第四章，我会带你理解孩子的到来对家庭结构的冲击，教你重建良好的家庭结构；

第五章，我会带你来到家庭的背景下，看看原生家庭如何影响我们的亲密关系，以及如何处理与伴侣原生家庭的关系；

第六章，我会跟你讲讲如何应对关系中的背叛，如何重建关系，以及如何应对分离。

亲密关系的两大核心

有太多的人带着爱和期待进入亲密关系，迎接他们的却是困惑、伤害和痛苦。当问题发生时，人们总以为是找的人不对，其实并不是。亲密关系是需要经营的，而怎么经营亲密关系，却需要学习。

我曾写过一本书《了不起的我：自我发展的心理学》，讲人如何通过改变迎来自我发展，其中也讲到了关系对人的限制，以及突破限制的方法。而这本《爱，需要学习》，则直面我们最重要的亲密关系，并把亲密关系背后的秘密教给你，培养你爱的能力。

亲密关系的经营，是自我发展的延伸，只不过和自我发展相比，亲密关系的经营有自己的逻辑，它围绕着两个核心展开。

一个核心是"关系"。"关系"不是你的事，也不是我的事，而是发生在你我之间的事。通过本书，你会了解"关系"究竟是怎么回事，你的愤怒怎么变成他的委屈，他的委屈又怎么变成对你的伤害。这些事情究竟如何演变为双方心里的结，又该如何解开这些结。

另一个核心是"处理"。家家有本难念的经，没有夫妻不会遇到关系难题。真正的问题不是夫妻遇到了什么难题，而是如何去处理这些难题。处理问题的方式，正是夫妻需要学习的重点。好的夫妻会发展一种良好的沟通模式，并且相互配合，找到化解矛盾、增加情感联结的"秘密武器"。不好的夫妻似乎只有一种处理问题的方式——不停地责怪对方。

要理解"关系"和"处理"，你就必须把自己变成亲密关系中主动的学习者和改变者。在亲密关系里，伴侣是伤害你的毒，也是医治你的药，你对他也同样如此。你不能把自己当作一个完全无辜的受害者，这除了增加你的委屈和愤怒外，对你们的关系没有任何帮助。你要做的，就是把自己变成一个主动的学习者和改变者。

这背后也许有委屈和不甘心，你会想："凭什么我学，他不学？""凭什么我改，他不改？"你当然有理由这么想，但我想告诉你，在亲密关系的某些关口，你没有退路。你不能后退，不能赌气，不能争输赢，也不能装作无所谓。你必须跟眼前这个人携手往前冲，因为能否冲过这些爱的关卡，关系着你、伴侣，以及孩子的幸福，你别无选择。

而冲过这些爱的关卡，并不需要知道很多复杂的道理，只需要践行一些简单的常识。

就像这本书，没有太多复杂的心理学理论和对心理活动的深刻分析，有的只是看似人人都知道的简单常识。比如，在与伴侣吵架时，直接说出真正的需求和委屈，而不是围着鸡毛蒜皮的小事绕圈子；在处理和原生家庭的关系时，要维护伴侣，把伴侣放在其他家人之前；等等。令人遗憾的是，这些"简单的常识"，恰恰是很多身处亲密关系中的人并不掌握的。这种缺失，造成了许多不必要的痛苦、伤害，甚至悲剧。

如果你正在享受单身生活，这本书会带给你进入亲密关系的动力，帮你更好地建立亲密关系。

如果你正经历亲密关系中的种种问题，你可以把这本书当作解决问题的工具。

如果你与伴侣拥有良好的亲密关系，相信你也能从别人的故事里获得启发。

让我们开始这一场亲密之旅，愿你通过学习，拥有一段美好的关系。

Contents **目录**

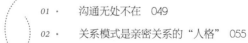

Chapter 1

如何进入
一段亲密关系

在正式进入本书之前，我想先问你几个问题：

正在读这本书的你，处于什么样的状态？是单身，还是正处于一段亲密关系中？

如果单身，你是享受一个人的生活，还是在孤独中渴望拥有属于自己的亲密关系？

如果在亲密关系中，你是感受到甜蜜和温馨，还是在疲惫中暗暗思考什么时候才能为自己而活？

亲密关系是人生最重要的关系，如何经营好亲密关系，是每个人一生都要面对的课题。而我们所面临的第一个问题无疑是：要不要进入一段亲密关系？或者说，究竟选择"我"，还是"我们"？

01

"我"，还是"我们"

"我"和"我们"是两种不同的存在状态。一个人的时候，"我"拥有很多自由：可以自由地支配自己的时间，布置自己的居所，把钱花在热爱的事物上，按照喜欢的方式度过闲暇时光，甚至还可以自由地养条狗或养只猫来陪伴自己。与自由相对的，是"我"需要面对孤独。无论快乐或忧伤，"我"都很难找到一个人分享。即使可以说给朋友听，那也是另一个"我"，而不是"我们"。在遇到现实的生活困难，比如生病时，这种孤独更会突显"我"的脆弱，提示"我"也许需要找一个能够相互依赖的人，与之恋爱、结婚、成立家庭、养育孩子。

可是从"我"到"我们"的旅程并不容易。找一个能吸引你的人本身已经很不容易，就算找到了，对方也不可能在所有方面都顺从你的心意。你们需要进入一段关系，去学习理解彼此、相互配合、经营关系、培养和深化感情，逐渐变成真正的"我们"。而这正是这本书想教给你的亲密关系之道。

近年来，人们对亲密关系的态度产生了一个明显的变化：相比于"我们"，越来越多的年轻人似乎更愿意选择"我"。单身人群变得越来越庞大，进入一段亲密关系的年龄也越来越晚。这背后是年轻人更崇尚自由和独立的价值观。

曾有一个年轻读者问我："你说亲密关系意味着相互改变，但我很在乎自己人格和思维的独立性，进入一段亲密关系后，该怎么保持自我呢？"

他的问题代表了不少人对亲密关系的犹豫和困惑。我见过很多很优秀的年轻人，受过很好的教育，在不错的公司工作，有亲密的朋友，一有空就背包旅行，有很多让自己快乐的办法。然而，他们都还是单身。

我问他们为什么没有发展自己的亲密关系，他们回答："如果遇到合适的人，进入一段亲密关系当然很好。但如果需要花很多时间、精力去追求一个人，或者培养一段感情，那我就没那么大兴趣了。一来工作忙，没时间，二来就算现在关系好，将来也有很多不确定。而且两个人在一起，很多事情都要互相迁就忍让，关系发展到一定程度，还要考虑结婚、买房子，有那么多烦琐的事情需要应付。更别提结婚以后，还会牵扯到两个家庭。我现在一个人也很不错，所以宁可单身。"

从某种意义上说，他们的选择是有道理的。他们看到了亲密关系的限制和不确定，所以不想去背负。但这其实是把亲密关系放到了自我的对立面，只看到了亲密关系对自我的限制，而忽略了它对自我的拓展。那么，亲密关系对自我的限制和拓展分别是什么呢？

亲密关系对自我的限制

说起亲密关系的限制，通常人们容易想到的是，你会失去很多自由。不能随意喜欢别人，很多事也无法像从前那样随心所欲去做，甚至很多时候，你需要首先为对方着想。

可是，这种限制还有更深的含义。

在我看来，"我们"是一个以爱联结的、超越个体的、有独立生命的系统。选择"我们"，就意味着你选择把自己的生命寄托其上，成为一个更大系统的一部分。对一个人来说，"我们"既可以是限制，也可以是一种反哺与滋养。

从"我"变成"我们"，就意味着你选择以另一种方式生活。如果对方快乐，你也会快乐，对方难过，你也会难过；如果对方认可你，你就会充满自信，对方嫌弃你，你又会觉得自己糟糕透顶。单身的时候，"我"是一只动物，可以到处奔跑；进入一段亲密关系后，"我"就变成了一株植物，深深地扎根在"我们"这块土壤里。无论是否愿意，你都需要接受它对你的影响。

这种影响，既可以变成善意的体谅、相互的滋养，也可以变成恶意的伤害、相互的怨恨，而你避无可避。

亲密关系对自我的拓展

那亲密关系又如何拓展自我呢？也许你听过一句话：进入一段亲密关系，就像为人生打开了一扇新的窗户。对这句话最简单的理解是，亲密关系是一道把两个人的资源相加的计算题，比如对方挣的钱你也可以花，对方的生活会变成你生活的一部分，对方的经验也会变成你的经验。这当然是一种拓展，但并不是亲密关系拓展自我的全部。

亲密关系至少会从三个方面拓展自我。

亲密关系能够让人长出新的自我

当你拥有一段至关重要的新关系时，你会接受对方的影响，会为了对方改变自己，从而适应这段新关系。在适应关系的过程中，你会增加新的经验，长出新的自我。

比如，有了固定的恋人之后，你就不能再随意喜欢别人了，这是一种限制，但在适应这种限制的过程中，你同时获得了一种品质——忠诚。

再如，你做很多事都不能像之前那样随心所欲了，甚至有时候需要先为对方考虑，再为自己考虑，这是一种限制，但你同时获得了一种品质——责任。

这种获得不是来自限制本身，而是我们选择为了对方而接受限制，从而把限制变成一种爱和付出。这是原来单身的你不曾有的。

亲密关系能够让人获得一种新的眼光

人不仅生活在对自我的想象中，也生活在别人看你的目光中。那些重要的人看待你的方式，会深刻地塑造你。它会拓展你新的可能性。

我有一个来访者小 A，原本是一个很消极的姑娘。她工作以后一直和父母住在一起，父母总说她能力不行、脾气不好、不会收拾家务、处理不好人际关系，等等。这些话的潜台词是：你是一个长不大的孩子，需要父母照顾。这背后的动力，是父母想和孩子更紧密地联系在一起。而她也认同父母的说法，觉得自己很糟糕，一无是处。

后来，小 A 遇到了她的男朋友，受他影响，逐渐变得积极、阳光起来。她说："我男朋友是一个乐观、开朗的人。他眼中的我比我眼中的自己好太多，而他似乎是唯一这么认为的人。尽管有时候别人也会对我说'你没那么差'，在我看来，他们只是客气而已。但我男朋友是真的认为我很优秀，从他看我的眼神就知道了。很长一段时间我都不相信他的话。我总觉得他不了解我，怕他看错了我，担心他发现我真实的样子后会失望。我父母虽然不停地说我不好，却是真的了解我。

"可是他说得多了，慢慢我就信了。从我和他在一起的那天开始，他的乐观就一直感染着我。我的心态也开阔了很多，好像他的乐观变成了我的乐观。我开始学做饭、做家务，憧憬我们未来的家。慢慢地，我也觉得自己没有那么差了。"

男朋友看她的眼光，帮助她发展了连自己也不相信的能力——这种不相信正是被父母看她的眼光塑造的。而男朋友之所以这么看她，是因为他爱她。这种接纳、欣赏和认可深刻地影响了她，让她用不同的视角来看自己。爱和接纳会改变一个人，让他获得一种新的看待自己的眼光。

亲密关系能够让人获得归属感

作为一种社会性动物，人需要归属于一个比自己更大的系统，否则就会陷入孤独和空虚。你越爱对方、越享受这段亲密关系，获得的归属感就越强烈。

在被问到单身和恋爱的区别时，有个小伙子跟我说："最大的区别就是无论我在外面做得怎么样，心里都十分确定，有个人会在家里等我。一想到这儿，我的心就变得很安定。"

这种"有人等"的感觉，就是一种归属感。同时，由亲密关系开始，到组建家庭，再到生儿育女，关系中的双方会获得越来越强烈的归属感。这会让我们的奋斗更有意义，因为我们知道在为谁奋斗。当你属于"我们"这个系统时，你就有了超越自我的存在。你会被看见，被记住。就算有一天你离开了这个世界，只要你曾在一段亲密关系中，就会有人记住你，你就会一直以某种形式存在。这是亲密关系最重要的意义。

我有一个曾经崇尚单身，后来又结了婚的朋友，他说："40岁以后，虽然事业还不错，但我仍然感受到一种生命正往下走的失落和恐惧。但我的孩子不一样，她的生命是向上的，她冲淡了我对衰老的恐惧。"

相比于"我"，"我们"是一个更大的生命体。一个人的时候，我们可能会怕老。两个人的话，似乎就没那么怕了。从一个人到两个人，再到一个更大的家庭，我们对衰老的恐惧会逐渐减弱。因为我们知道，虽然作为个体的生命会消逝，生命的传承却不会消亡。这是亲密关系所带来的归属感的另一种体现。

爱的练习

💙 如果你已经在一段亲密关系中，请你写下：

（1）伴侣带给你的三个变化和它发生的过程：

变化1：

它是这样发生的：

变化2：

它是这样发生的：

变化3：

它是这样发生的：

（2）你带给伴侣的三个变化和它发生的过程：

变化1：

它是这样发生的：

变化2：

它是这样发生的：

变化3：

它是这样发生的：

定期与伴侣分享彼此给对方带来的改变。

♥ **如果你即将进入一段亲密关系，请你写下：**

（1）我最希望伴侣带给我的变化是：

（2）我期待它发生的方式是：

与伴侣分享你的期待，并约定共同改变。

02

亲密关系的动力：爱与怕

亲密关系是以爱为核心的，没有爱，两个人就不会相互吸引，就算最终在一起，可能也只是搭伙过日子，不会变成真正的"我们"。但因为爱而成为"我们"之后，亲密关系中又充斥着争吵、怀疑、失落、怨恨……这些负面情绪背后，隐藏着亲密关系的另一种动力——"怕"。"怕"是对我们在关系中受伤害的防御，也是导致"我们"回归"我"的根源。

爱：从"我"成为"我们"

爱是什么？千百年来，无数人发出疑问，也有无数人给出答案：诗人说，爱是一种浪漫的感觉；生物学家说，爱是性冲动的衍生品，是吸引人类繁衍后代的手段；经济学家说，爱是一种情感的交换；而心理学家会说，爱与一种特别的情感——依恋（attachment）——有关。亲密关系中的爱，源自人类的依恋本能。

20世纪五六十年代，英国心理学家约翰·鲍尔比（John Bowlby）发现，孩子和父母，尤其是和母亲之间，有一种非常紧密的情感联系。他将其命名为依恋。[1]

当我们还是孩子时，通常会在情感上依附于一个重要的养育者（通常是母亲），并把这种情感联系当作生死攸关的大事。只要在妈妈身边，孩子会觉得安心，大胆地探索周边的世界。如果妈妈不在，孩子就会变得非常不安，如同生病一般。不仅是妈妈的缺席，任何可能有损这段亲密关系的行为，比如妈妈的批评、指责或者不认可，都会让孩子认为自己与妈妈之间的依恋关系不牢固，从而激起强烈的情绪反应。

作为爱的基础，依恋关系具有如下特征：

首先，这是一种强烈的情感纽带。当两个人在一起时，依恋双方会产生可以相互依赖的安心感。而不在一起时，依恋又会变成渴望亲近的思念。

其次，这种强烈的情感纽带是通过对彼此的"看见"和"回应"来建立的。母亲和孩子对彼此的反应具有天然的敏感性。当妈妈抱着孩子，用温柔的目光看着他，对他微笑时，孩子会报以同样的微笑。如果孩子看妈妈时，妈妈正好忽视了他，或者没有回应，孩子就会很失落。

最后，这种依恋关系是唯一的。一旦孩子和妈妈之间的依恋关系建立起来，其他照料者就很难代替妈妈的角色，无论这个照料者有多

---

1 关于依恋理论，可以参看〔英〕约翰·鲍尔比的著作《依恋三部曲》。

好。同样，妈妈也很难随便找一个孩子来代替这个孩子。哪怕她又有了其他孩子，这个孩子在她心里仍然会是独一无二的。

依恋理论发源于亲子关系，后来扩展到成人之间的亲密关系，并由心理咨询师苏珊·约翰逊（Susan M.Johnson）发扬光大。约翰逊建立了以依恋理论为核心的咨询流派——情绪指向治疗（EFT, Emotionally Focused Therapy）。[1]这个理论认为，成人伴侣之间的亲密关系与母子之间的依恋属于同一种情感，具有相似的特征。

首先，恋人之间也有强烈的情感纽带，对亲近彼此有一种强烈的情感渴望。这种情感渴望被表达为"在乎"。对恋人来说，对方是否在乎自己是头等大事。恋爱中的一方也许会从很多地方搜寻对方在乎自己的细节，比如他是否记得自己说过的一些话，记得两人在一起的重要日子；当两人暂时分开时，对方是否会想念自己。

其次，这种情感联结同样是通过"看见"和"回应"来建立的。很多人在亲密关系中很看重两个人是不是有话说。有话说其实就是对方对你说的东西有兴趣，能够懂你，及时回应你，从而培养彼此的亲近感。就像孩子不停地搜索妈妈的目光一样，成人也在不断从伴侣身上确认自己"被看见"，并因为"被看见"而欣喜，又因为没有"被看见"而失落和愤怒。

最后，同依恋关系一样，亲密关系也非常在乎情感的唯一性。你会在乎在对方心里你是不是最特殊的那个；他对你的好，会不会同样对

---

1 关于EFT理论，可参见〔加〕苏珊·约翰逊：《依恋与情绪聚焦治疗》，蔺秀云等译，化学工业出版社2020年版；《依恋与亲密关系》，黄志坚、李茜译，人民邮电出版社2018年版；《爱是有道理的》，张美惠译，张老师文化事业2014年版。

别人；他说过的感动你的话，会不会转头跟别人说一遍。如果他对很多异性都很热情，而你只是其中之一，你就会觉得自己被欺骗了，他可能不是真的爱你。

如果认同"依恋"是亲密关系的核心，你就会明白究竟什么样的爱情才是好的爱情。每个人终其一生都在寻找一个理解和接纳自己的爱人，并且不断寻找这种情感联结的证据，渴望从爱人身上获得亲近和回应。倘若找到这种情感联结，他就会有一种心有所属的感觉，会依赖对方，也想被对方依赖，并愿意为对方付出、奉献甚至牺牲。好的爱情，就是通过这样的互动，让彼此的依恋不断确认和加深。

怕：从"我们"回归"我"

每个人都渴望拥有一份好的爱情，与爱人产生深度的互动。可是，并不是所有互动都有利于亲密关系的建立。在亲密关系中，除了激发关系双方相互依靠的"爱"以外，还有另一种驱动人自我保护的动力——"怕"。

有人说，爱一个人的感觉，就是你有了盔甲，也有了软肋。如果说盔甲是爱给人带来的安全感和归属感，那软肋就是把伤害自己的权力给了对方。对身处依恋中的人而言，最大的伤害就是嫌弃、背叛和抛弃，是你深爱的人不再爱你，转身离开。有时候，为了避免这种怕，我们宁愿不爱。

提出依恋理论的鲍尔比曾仔细观察过幼儿与母亲分离时的情绪反

应。他发现，孩子被迫跟母亲分离后，会依次产生三个不同阶段的反应：**抗议、绝望和疏离**。[1]

在抗议阶段，孩子会大哭，发脾气，时刻关注妈妈回来的迹象，同时拒绝其他人的照顾。如果妈妈一直不回来，孩子就会进入绝望阶段。他的身体活动减少，就算哭也只是间歇性地哭泣，同时变得失去活力，好像进入了很深的哀伤状态。

之后，孩子会进入疏离阶段，不再拒绝其他看护者，接受其他看护者带来的食物和玩具，甚至还会冲看护者微笑。

如果这时妈妈回来了，孩子会表现得漠不关心，好像不管是妈妈还是其他人来照顾他，都无所谓。他不再对任何人产生依恋，却把糖、玩具或食物看得越来越重，就好像他明白在情感上依赖一个人是危险的、不可靠的，因此宁愿去依赖可控的物质。

从抗议到绝望到疏离，为什么依恋关系的破裂会给人带来这样的情感转变呢？

因为和依恋对象分离是一种痛苦的创伤性体验，它虽然不会像身体上的伤一样留下疤痕，但会造成心理上的伤疤。为了避免这种可能的痛苦，一旦捕捉到一点可能分离的线索，人就会产生愤怒的情绪，而一旦分离成真，他就会有意识地回避一段亲密关系。这就是亲密关系中的"怕"，"爱情不可靠""投入感情很危险"的想法，都来自这种与依恋对象分离的创伤性经验。就算我们再理智，知道某些分离不是对方不要你，而是因工作或生活所迫暂时离开，我们仍然会有一种"被抛弃"的

---

1 〔英〕约翰·鲍尔比：《依恋三部曲：依恋》，汪智艳、王婷婷译，世界图书出版公司2017年版。

感觉，并因此产生对亲密关系的不信任。因为"怕"，我们无法全然地信任和依赖他人，宁愿拒绝进入一段亲密关系，坚持做"我"，或者决然地离开一段亲密关系，从"我们"回归"我"。

爱的练习

💗 请你回忆最初的依恋对象，并尝试给出下列问题的答案。

（1）我最初的依恋对象是：

（2）我对这段依恋关系的印象是：

（3）它带给我的影响是：

💗 请思考你现在的亲密关系，并尝试给出下列问题的答案。

（1）我现在的依恋对象是：

（2）我对这段依恋关系的印象是：

（3）它受最初的依恋关系的影响是：

"怕"所主导的亲密关系

事实上，"爱"和"怕"总是交织在一起，一个人就算受了伤，仍然会有爱的渴望。有时候越是怕，对爱的渴望反而越强烈。这时，人们就开始在"爱"和"怕"之间寻找一种平衡，小心翼翼地试探、靠近，并准备好随时撤退。当"怕"占主导时，人们会发展出一些特别不稳定的亲密关系类型——融合、隔离、物化、暧昧。

融合

"怕"所主导的第一种亲密关系类型是"融合"，它对应的是鲍尔比观察到的幼儿因与母亲分离而产生的"抗议"阶段，因为担心母亲再次离开而想牢牢抓住她。这时，他会对分离的信息格外敏感，并为此愤怒。

从"我"到"我们"的过程，就像关系双方自我交换的过程，一个人拿出一部分自我，和对方的一部分自我交换，这本身就是爱的神奇之处。可是，如果一个人对亲密关系缺乏安全感，让"怕"主导这段关系，就会不停地确认对方不会离开自己。而让对方不会离开的最好方式，就是把对方和自己变成同一个人。

这种渴望跟对方融为一体的感觉，就是融合。

精神分析学派认为，在婴儿期，婴儿和他的依恋对象——母亲——本身就是融为一体的。随着逐渐长大，他才会意识到自己和母亲不是同一个人，自己的身体、需要、想法、感受都和母亲不同，并因此产生孤独的感觉。这时候，分离就开始了，并且会伴随他长大。

成年后，当一个人进入一段亲密关系，这种融合共生的欲望会重新出现，尤其是当他产生分离焦虑时，更是会不自觉地希望和伴侣靠得更近。

比如，有一对恋人，男生最近正在找工作，情绪有些低落，女友尽心尽力照顾他。有一天，女友在工作中获得了加薪，很高兴，一回家就告诉了男生。男生却很生气："我每天都这么不开心，凭什么你自己那么高兴！"

这个男生想要表达的是，你应该对我的情绪感同身受。这本身没有太大问题，可是如果它变成"不论什么时候你都应该跟我一样"这种过度的要求，就会让两个人失去自我的空间。追求过度一致，就是融合的表现。

主动融合 vs. 被动融合

在亲密关系中，融合的需要会发展出两种倾向：主动融合和被动融合。

主动融合，表现为控制。这种关系的逻辑是"因为两个人是一体的，所以对方应该听我的，所作所为都应该符合我的想法，否则我就会生气，用我的方式来纠正对方的行动、感受和想法"。

使用这种策略的人会非常强势，容不得别人和自己不同。他们的本意是希望通过这种一致性，让两个人联结得更紧密，却经常因为这种强势而把对方赶走。

被动融合，表现为讨好和服从。这种关系的逻辑是"因为两个人是一体的，所以我就都听对方的，压抑自己的需要、愿望和想法，两个人之间的差异是危险的，必须保持一致"。

使用这种策略的人通常有很强的依赖性。这种依赖不是指生活上不能独立，而是指情感上的依赖。这样的人总是倾向于取悦别人，回避矛盾和冲突，维持表面的和谐。

有时候，这两种融合的策略会混杂在一起使用，讨好和服从也可以是一种隐秘的控制，比如说"我都把自己放得这么低了，你就应该照顾我，不应该离开我"，通过内疚来让对方跟自己一致。无论是哪种融合，都会让两个人之间缺少空间，最终损害亲密关系。

我有一个来访者，就叫他小庄吧。小庄对女友的照顾无微不至，每天都骑自行车到公司门口接她下班，休息时间也总是来找她，想要时刻跟她在一起。

在恋爱初期，这种依赖被解读为恋爱的甜蜜。可是慢慢地，女友开始觉得有压力，因为小庄总是帮她做各种事，全然不顾她是否需要。每天出门时，小庄都会帮女友系好鞋带。女友说我自己会系，可他还是坚持。有时候讨论一件事，小庄觉得女友应该跟他想的一样，如果对方表达自己的意见，他就会像受了威胁一般暴跳如雷。

心平气和的时候，女友会跟他说："我们是不同的人，有不同的想法很正常，为什么一定要一样呢？"小庄却回答："我们在一起了，当然要心心相印，否则怎么算在一起呢？"

小庄给女友打电话时，如果发现电话占线，就会一遍遍不停地拨。有一次，女友刚挂断电话，小庄就打电话过来，生气地质问她："你在给谁打电话？我一直算着时间呢，已经打26分钟了！"这让女友非常难受。她需要一些个人空间，但每次提出来，小庄都觉得不可思议，紧接着就开始怀疑女友不爱他了。

在这段关系里，小庄既是控制者，也是讨好者。这种占有的欲望，让他们的关系变得越来越有压力。

后来两人分手了，小庄痛不欲生，仍然不停去找女友，给她打电话，到她的单位去。他哭诉说："我对你这么好，你怎么舍得离开？！""我这么关心你，你对得起我吗？"小庄不明白，正是他这种融合的需要，让两人越走越远。

融合 vs. 亲密

也许有人会问，难道不应该和爱人更亲密一些吗？融合和亲密到底有什么区别?

我们可以把亲密关系想象成两个人共建的一所房子,从某种意义上来说,房子也是一种限制。本来你的行动范围无限宽广,有了房子之后,活动范围就只能限制在房子里了。

人们愿意接受这种限制,一方面是为了遮风避雨,另一方面是为了让自己有一个归属。可是,如果这个房子太小,两个人腾挪不开身子,就会彼此掣肘。

关系过于紧密就像身处一所小房子,别人的感受变成你的感受,别人的一举一动也会影响你的反应,反之亦然。两个人怎么都腾挪不开,最终就会想方设法走出这个狭窄的空间,离开这段融合的关系,重新找回自我的自由。

隔离

"怕"所主导的第二种亲密关系类型是隔离,它对应的是鲍尔比观察到的幼儿因与母亲分离所产生的"绝望和疏离"阶段。处于这个阶段的人会觉得依恋某个人不可靠,不自觉地调动内心的防御机制,通过屏蔽自己的感觉来防止自己投入一段关系,进而依赖他人。

现在流行一个词——"假性亲密关系",说的就是两个人做很多恋人该做的事,比如一起吃饭、看电影、参加朋友的聚会等,似乎彼此很亲近,但两个人都知道,事实并非如此。"亲密关系"代表了人们对爱的渴望,而"假性"又代表了人们对亲密关系的恐惧。假性亲密关系，看起来似乎找到了爱与怕之间的平衡，但它唯一的缺点就是"它是假的"，而身处其中的人也知道它是假的。这不是爱，而是对爱的模仿，是两个人为了缓解孤独，人为创造了一种表面上的亲密关系，同时为了躲避可能受到的伤害而回避情感的投入。这背后也蕴含着对亲密关系的"怕"。

隔离 vs. 独立

人的心灵像一个魔术师。一个人在没有办法适应外界的关系时，会通过扭曲自己的感受来达到内心的平衡。进入一段亲密关系，在感情上却不投入，也不依赖他人，这并不是"独立"。"独立"是我能够对对方产生依恋，也能享受个人自由的空间。"隔离"更像是不自觉地避免对他人产生依赖，从而避免受伤。这也并不是"不爱"，"不爱"是针对特定对象的，我只是对这个人没有感觉，也许是由于某些迫不得已的原因跟他才在一起，而"隔离"很多时候是针对所有人，是一种自我防御机制。将"隔离"作为防御机制的人，很少有情感性的回应和互动，正如孩子因为离开父母而变得冷漠和疏离。有时候，隔离不只体现在恋爱和亲密关系中，也体现在生活和工作的方方面面。隔离会导致一个人对任何事都无法投入，从而失去很多乐趣。

我有一个来访者叫小周。小周在一个事业单位上班，工作没有太大压力，收入不错，有房有车，而且长得仪表堂堂，性格也很好，十分讨人喜欢。在旁人看来，他的生活相当不错，但他却很苦恼，觉得自己似乎对什么都提不起劲。他说："我不知道自己怎么了，好像到处都是问题，可又好像没什么问题。我很长时间都处于闷闷不乐的状态，似乎没有什么事情能让我真正快乐起来，生活得很麻木。"

这正是隔离的人容易有的状态。

小周的隔离是怎么形成的呢？在他上小学时，父母分开了，他跟爸爸一起生活。晚上睡不着、想妈妈的时候，小周会一个人抱着被子哭。他不敢让爸爸听见，也知道就算爸爸听见了，也不会来安慰自己。很长一段时间，每天晚上他都要哭一会儿，哭累了才慢慢睡着。后来，哭的时间越来越短，也不知道从什么时候开始，他就慢慢习惯了。

小周对这段记忆的感受逐渐模糊，只留下这样一个遥远的镜头。

后来，小周在上大学时认识了一个女生，那个女生喜欢他，主动创造了很多和他接触的机会，于是他"自然而然"地开始和她恋爱。

我问小周对这个女生的感觉，他说："当时的我根本不懂什么叫爱，也没有那么强烈的激情和冲动，很大程度上是觉得这是个挺好的女生，我又没有什么特别的地方，她对我有意思，我就应该感谢并且接受。"

这段恋爱持续了很久，可是两个人的关系一直不温不火。大学毕业后，小周回家找了一份稳定的工作，这个女生也跟着他回了老家。按照世俗的标准，他已经到了该结婚的年龄，工作也稳定了，他也觉得可以结婚了，就向女友求婚。

没想到，女友拒绝了。这让小周感到意外、愤怒和不解："我相貌不错，工作也不错，房子也有，到底哪里配不上你？这样的生活到底哪里不好？"

哪里都挺好，所有成家的条件都已完备，甚至连两个人的恋爱经历都是完美的——大学就开始的恋人。可是，这段感情终究缺了一个最重要的东西——她感觉不到爱，她觉得小周不是真的爱自己。

感觉是很奇怪的东西。有时候我们总觉得它不如现实重要，想要轻轻忽略它。可是，如果你对自己诚实，感觉又是最绕不开的东西。

小周并没有不忠诚，也愿意跟她结婚，任何男友或者未来老公应该做的事，他都会做，可她就是感觉不对。

"你并不爱我。"女友说出了自己的感觉。这激发了小周心里隐隐的不安，可是这种不安一闪而过，马上又变成激烈的情绪反弹："我怎么不爱你了？我都要跟你结婚了，还要怎么样？"那段时间两个人经常争吵，吵完女友就会抱着小周哭，跟他说她所理解的爱："爱是理解对方的情绪和感受，是把对方的痛苦和快乐看得和自己的一样重要，是你想接纳她、靠近她、照顾她。"

她花了很多力气来教小周什么是爱，他也一直想照着去做，可他终究没学会。最终两个人分手了。分手时他说："对不起，没法给你你想要的爱，不过我还会去别的地方找找。"

小周对我说："这么多年，我一直在找，我还不明白那是什么，是一种爱好？一种激情？一种投入的感觉？一种生活？我不知道。"

小周很少跟人说起她。只是有一次与朋友一起去电影院看电影，看到某个片段时，他忽然哭了，泣不成声。朋友很震惊，问他怎么了。他也不知道自己怎么了，只好说："电影里那个人真傻！"

在进入一段关系时，小周表现出的冷淡和不在乎并非刻意，他好像很难有一种冲动和热情去投入一段关系，总是给自己留很多空间和余地，哪怕分手了，他也会表现出淡漠。只是他并非毫无情感，偶尔的情绪失控表明他只是把这些情感压抑下来了。

这种表现并非出于某种自我选择，更多的是情感的自动反应，就像人碰到危险时会本能地逃开。这种隔离造成了人对生活、工作和亲密关系无法投入的感觉。这层原本用于保护我们的厚厚的盔甲，慢慢变成了把我们囚禁其中的监牢，将我们与这个世界隔离开，最终失去生活的热情，也变得孤独。

过度理性 vs. 冷酷

有一对夫妻，妻子很想跟丈夫亲近，希望两个人可以经常谈谈心，丈夫却总说工作忙。

因为工作忙而疏于经营感情，是很多人的感情难题，但它反过来也可能是成立的：因为不知道如何经营感情，我们就把所有精力都投入到工作中。

有一次，妻子对丈夫说："让我抱抱你，哪怕只有一分钟。"丈夫说："好，那就抱一分钟。"一分钟到了，丈夫马上把妻子推开。这让妻子很伤心，也无法理解为什么丈夫这么冷酷无情。

事实上，这不是冷酷，而是隔离带来的过度理性。具有这种特征的人，爱讲道理，也会通过完整、封闭的逻辑来解释自己行为的合理性。

这正是"怕"和"爱"最大的区别：爱的时候，我们可以信任感觉，跟着感觉行动。一旦怕了，感觉就会被屏蔽，我们只能根据外在的一些规则来行动。

相比于感觉，规则是可控的。理性和逻辑是可依赖的规则，更可控。对这个丈夫来说，他可以依靠的规则就是"一分钟"。

物化

"怕"所主导的第三种亲密关系类型是"物化"。所谓"物化"，指的是通过把人当物品看待，把对物品的占有欲当作爱，以此获得一种对关系的控制感，从而克服在亲密关系中的"怕"。

物化的本质——有用

物和人的区别是：第一，在关系中，"物"的价值取决于它的功能，如果东西完全没有用了，就可以被扔掉；而人的价值取决于你和这个人的关系本身，只要他对你重要，无论他有没有用，你都会珍惜他。

第二，当你想要拥有一件物品时，就算你得不到，它也无法伤害你，你只会有一些失望。但是当你想要追求一个人时，如果他拒绝了你，你就会受伤。

第三，人是有感情的，需要你的了解和回应，而物不需要。所以把人当物，就可以掩饰我们不能了解和回应一个人的情感所带来的焦虑。

让我们重新回顾鲍尔比观察到的孩子与母亲分离后期的表现："如果这时妈妈回来了，孩子会表现得漠不关心，不再黏着妈妈，好像不管是妈妈还是其他人来照顾他，都无所谓。他不再对任何人产生依恋，却对糖、玩具或食物看得越来越重。"也就是说，孩子的愿望和感受不再指向人，而开始指向物了。

为什么会有这样的转变？

当被抛弃的恐惧超过对依恋的渴望时，孩子就会表现出分离的态度：对于可能得不到的东西，就疏远、漠不关心；对于能够得到的东西，就选择占有。

成年人在亲密关系中也有类似的表现。当一个人对亲密关系有太多的疑虑时，就会用对待"物"的方式来对待对方，评价、占有、控制和替换，只关心对方的功能，而不关心这个人本身。这样，他就不用担心对方是否爱自己、会不会离开自己。这就是亲密关系里的"物化"。

你可以问自己几个问题：

> 如果你有爱人，你觉得你的爱人对你"有用"吗？
>
> 如果他对你有用，你是因为这种"用处"才跟他在一起的吗？
>
> 如果他对你没用了，你会马上找个更有用的人来替换他吗？

在亲密关系中，这样的问题通常会让人不舒服。从本性来说，每个人都是爱的"激进主义者"，渴望得到纯粹的爱。我们关心他有没有用，但更关心和他在一起时我们的感受如何。

相反，**物化的爱是另一种爱：他爱你，是因为你有用。这其实不是爱，是包装成亲密关系的权力。**

当然了，在一段紧密配合的亲密关系中，每个人都具有一定的功能，比如赚钱、做家务、养育孩子……可是，关系双方很介意爱与功能的顺序，谁都希望彼此在一起首先是因为爱，而不是因为这些方便的功能。

"物化"这种依恋模式的产生通常源于对爱缺乏安全感。通过"物化"，一个人既可以拥有一段关系，又没有被抛弃的恐惧。而被物化的人，常常会产生强烈的反感和愤怒，觉得自己被冒犯。

物化的表现形式

在亲密关系中，物化有三种常见的表现形式。

形式一：物质化

现在很多年轻人反感相亲。我有一个朋友去相了几次亲，回来以后说再也不去了。问他为什么，他说："别人一打听我的工作、收入、有没有买房，我就觉得自己像是被放到了交易市场上一样。"

这样用物质条件来衡量一个人，给人贴标签，就是一种物化。这时候，我们相处的感受、人与人之间的关系，好像不那么重要了，情感变成一场交易的附庸。

当然也有一些人不这么想。有一个单身的"钻石王老五"最终找了一个爱慕虚荣和金钱的姑娘结婚。别人问他为什么，他说："我知道她是为了钱才选择我，不过我觉得这样的婚姻比较稳定。人是会变的，容貌会变老，才华会用尽，只有钱不会变，最可靠。她喜欢钱最好了，只要我有钱，我们的婚姻就是稳定的。"

我总觉得，这段话背后，有他对爱隐隐的失望。

形式二：颜值和性

大众文化容易以钱来物化一个男人，而以容貌来物化一个女人。曾有人热衷于给网络上的女性照片打分，把她们简化为7分女、8分女。这个活动一度受到很多男性追捧，演变为一场"网络狂欢"。

为什么这个打分活动会受到追捧？原因之一是当爱变得复杂而不可控时，人们宁可用一个简单的标准来衡量它。

不仅是颜值，一个人身上所有的东西，包括毕业的学校、工作、收入、年龄，都可以变成一个分数。凭这些给自己打个分，给别人打个分，以此确定和对方的交往是赚还是亏。这样一来，亲密关系就变成给彼此定价的交易关系，看似很客观，却忽略了其中最重要的情感因素。这背后是人们的一种偏见：在关系里，那些表面上看起来稀缺的资源是重要的，而关系的感受不重要，或者很容易培养。只要是高分，对方是谁并不重要。

有位女性朋友告诉我："以前读大学时，很多男生追我。那时候我长得很漂亮，家里条件也好，可我并不喜欢他们。我觉得他们是因为我的美貌才爱我的，那不是真正的爱。后来我谈恋爱时，也不在乎对方的条件，感觉在爱里说这些很庸俗。"她当然知道恋爱不能完全撇开经济条件，但她真正反感的是那种物化的爱。

和容貌相关，性关系也可能演变为另一种物化。在理想状况中，性是爱的产物，是爱的身体语言，也是爱的深化。可是在某些情况下，性会被人们从爱里割裂出来。这时，人，尤其是女性，就会变成性的物化的工具。

现在被大家所熟知的PUA（Pick-Up Artist），所谓的"搭讪艺术家"，就是指男性通过系统化学习、实践某些手段和技巧来吸引异性，从而达到控制对方的目的。这种手段本身就是对爱的一种物化，就算学习PUA技巧的男生最终达到了目的，想必内心也会空虚，因为他吸引对方的并不是自己的魅力，而是PUA的手段。在这样的关系中，他始终不敢暴露自己，也不敢真的爱上对方，因为担心自己失去关系的主动性，只能换一个又一个目标。

与性相关的，还有女性的生育功能。曾有一个姑娘向我抱怨："自从怀孕后，家人好像关心的不再是我，而是我肚子里的孩子。我说担心喝鸡汤会胖，他们会说'这能给孩子补充营养'；我说穿这件衣服太丑，他们会说'宽松点对孩子好'。"

因为这种感觉，妻子常常会冲家人生气，跟丈夫抱怨甚至争吵。丈夫只是觉得她脾气不好，不知道她真正抱怨的是："你到底把我当你的爱人，还是一个生孩子的工具？如果你爱我，为什么只关心肚子里的孩子，不关心我？"

越是感觉到爱和关心不够，这种被物化的疑虑就会越重。

形式三：陪伴

也许有人会觉得奇怪，为什么陪伴也会变成一种物化？毕竟陪伴具有强烈的情感属性，而亲密关系的功能之一就是陪伴。

陪伴是否是一种物化，同样看是"爱"优先还是"功能"优先。有的人谈过很多次恋爱，每次失恋后，都会很快进入一段新的关系。这并不是因为他有多爱对方，而是他很难忍受一个人独处，尤其是在失恋这样一段特殊时期。虽然陪伴是精神层面的需要，但它本质上还是一种物化。

这就涉及需要和爱的区别：如果你只是因为需要陪伴而跟一个人在一起，那就不是真的爱他，因为你关注的是对方陪伴的功能。从这个角度讲，你所关心的也只是自己的需要。

这其实是陪伴的悖论：从长久来看，只有一个人真的爱对方，跟对方建立关系，亲密关系才能真的缓解孤独，陪伴才会有效。可是，如果你只想获得陪伴而不在意这段关系、不向对方付出关心的话，慢慢就会发现，就算这个人在你身边，也没法缓解你的孤独，因为陪伴是爱的附属品，在这种物化的形式中，你无法获得真正的爱。

暧昧

"怕"所主导的第四种亲密关系类型是"暧昧"，就是用表面的、肤浅的关系代替真正的亲密关系。喜欢暧昧的人似乎也有对亲密关系的兴趣，可是他们会有意无意地用各种办法延缓自己进入一段长久稳定的亲密关系，比如总是和不可能的人恋爱，在友谊和恋爱之间游走，同时发展很多段关系，等等。

爱与怕的微妙平衡

我认识一个年轻的男孩子，人长得挺帅，工作也不错，可就是一直单身。他有一个爱好——去咖啡厅跟女生搭讪。有时候看到一个女生气质不错，他就会上去跟她聊天，并要她的微信加好友。如果对方给了他，他就会很满足，好像用这种方式证明了自己的魅力。可是，他从来不会真的跟她们交往。

有一次，他在父母的要求下去相亲，认识了一个非常漂亮的姑娘，这个姑娘各方面都符合他的要求，看起来也很喜欢他。他也很喜欢这个姑娘，可是内心却很害怕，思考再三，决定还是不再交往。我问他怕什么，他说："我觉得自己的事业还没打拼出来，她也许并不会真的喜欢我。"

其实事业不够好只是他的一个借口，以此说明自己还没准备好。他到现在还是保持单身，偶尔到咖啡厅坐坐，见到某个不错的女生就上前攀谈，继续这个微妙的游戏。

搭讪女生代表了他对亲密关系的渴望，不进入一段真正的亲密关系，又代表了他对亲密关系的怕。这种暧昧，是他在爱和怕之间找到的微妙平衡。

谨慎的爱

有时候，这种平衡还体现在对性的开放和随意上。我们处于一个奇怪的时代，在这个时代，性是容易的，爱反而很难。人们对性的态度变得开放，对爱却越来越封闭。正如存在主义心理学家罗洛·梅（Rollo May）在《爱与意志》中所描述的：

> "将性置于爱之上，恰恰是用性来逃避由爱带来的焦虑……我们在逃避爱欲，而性就是我们用以逃避的工具。
>
> "性是掩盖爱所带来的焦虑的更方便得到的药剂。为此，我们不得不把性限定在更狭小的范围内。我们越专注于性，人类对性的内涵的体验就越狭小。我们为了逃避爱的激情而直接跳到性感觉上。"[1]

很多奇奇怪怪的亲密关系，其实都是在爱与怕中寻找一个特别的平衡模式。因为爱，我们想要亲近他人；因为怕，我们又想方设法让那个人不那么重要。从理智上，我们知道亲密关系该走的路，但我们心里的怕却哄着我们走了相反的方向。

---

1 〔美〕罗洛·梅：《爱与意志》，宏梅、梁华译，中国人民大学出版社2010年版。

爱的练习

♥ 请根据下列问题，对你与伴侣的亲密关系进行评估与改进。

（1）我对亲密关系的感受（从1到10，选择一个最接近你的感受的数字）

| 1   2   3   4   5   6   7   8   9   10 |
| 非常安全   非常不安全 |

（2）我与伴侣的亲近程度

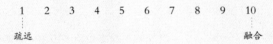

| 1   2   3   4   5   6   7   8   9   10 |
| 疏远   融合 |

（3）如果我与伴侣的亲近程度较低，那么我的"怕"是：

（4）为了增强与伴侣的亲近程度，我可以尝试做的事情是：

亲密关系是一场值得的冒险

了解了"怕"所主导的亲密关系类型，也许有人会问，如果我有这种"怕"，该如何带着它去寻找我的亲密关系？如果我的恋人是这种关系类型，我该怎么办？

亲密之所以难，是因为它不是一个认知问题，而是一种习惯化的情感反应模式，"爱"和"怕"是这种情感反应背后的动力系统。这种动力系统既会在我们过去所经历的重要关系——尤其是与原生家庭的关系中被塑造，又会被新的重要关系重塑。

关系的问题要从关系中找答案。在本章，我们把这些问题描述得像是"个人特质"，但其实所有个人的问题，都会在与人相处的亲密关系中重新出现。比如，有融合倾向的人在亲密关系中更容易"追"，要求对方靠近自己，一旦感觉不到这种靠近，就会指责对方。而倾向于隔离和物化的人更倾向于"逃"，在关系难题中拒绝沟通和交流，把自己封闭起来。另外，倾向于融合的人更容易遇到关系边界的问题，倾向于隔离和物化的人则更不容易袒露自己的脆弱，更不愿意跟伴侣做深度的沟通。

在下一章，我们会把这些问题放到亲密关系互动的情境中。这样，你不仅能看到亲密关系的倾向在互动中的模样，还会看到改变它们的途径。既然个人特质与关系的互动紧密相连，那么亲密关系的互动过程也是改变自我的过程。

所有改变都是创造新经验的过程，也是由新经验代替旧经验的过程。所以，你不需要用"亲密关系"的类型来标签化对方或自己，而要把自己或对方看作一个正在学习的人，把个人在情感反应中的特质看作学习过程中某个阶段的必然状态。停留在某个特定阶段，不意味着你会永远如此，只是不要在某个特定的阶段停留太久。

那么，如何带着这种怕，走向真正成熟的亲密关系呢？有三个原则很重要。

视人为人

事实上，几乎所有年轻人在进入亲密关系时，都面临很多"怕"。他们并不知道对方是什么样的，也不知道如何经营一段好的亲密关系。有的人会把对方放到一个很高的位置，把他刻意地理想化；还有的人刻意贬低对方，以此维护自己在关系中的强势地位。过度理想化对方，会把对方变成一个符号；而过度贬低对方，又会把对方当作一种物品。

事实上，我们真正需要与对方建立的是一种平等的、人与人之间的联系。而亲密关系最大的秘诀，就是"视人为人"。

视人为人，意味着：

> 理解他有对爱与被爱的渴望，也有对被伤害的恐惧；
>
> 理解他因为自身的经历，会发展出与伴侣特定的相处风格；
>
> 理解他有自己的长处，也有自己的盲点和误区；
>
> 理解他不是为了满足你的需要和欲望而生的，承认他有自己独立的需要和愿望；
>
> 承认他有自主决定是否进入一段亲密关系的权利，承认他有自主决定如何与人相处的权利；
>
> 承认他跟你是平等的，并不比你高贵，也不比你低贱。他的愿望、需要和恐惧，需要你同等的重视；
>
> ……

只有这样，你和他才能构建真正的人与人之间的关系。

在亲密关系中，我们必须知道，只有理解才能带来理解，只有爱才能带来爱。如果你因为"怕"把自己封闭在自我保护的壳中，却妄想得到爱，最终你会发现，你什么都得不到。

如果你看到他也有这种"怕"，你可以问自己几个问题：

> 他的"怕"是什么？
>
> 这种"怕"从哪里来？
>
> 你有没有类似的"怕"？

你会如何处理他的"怕"？

你有安抚他的能力吗？

在亲密关系中，你可能会体验到很多委屈，可是，如果你想要的是真正能够相互滋养的亲密关系，而不是权力和控制，就必须选择把他看作和你一样的人。理解他，尊重他，你们才能真的看见和接近彼此，学习如何经营一段亲密关系。

在真实的关系中学习爱的能力

亲密关系中有很多的"怕"，但这些"怕"归根结底又只有两种：一种是自己不好，别人不会真的爱我；另一种是别人不好，不值得自己投入。有时候这两种"怕"会交织在一起，让两个人想要接近却不敢接近。

曾有一对年轻人来我的咨询室倾诉烦恼，姑娘对小伙子说："我害怕你靠近我。我害怕你知道我正常的外表下面，原来有这么多奇怪的想法。"

小伙子说："这只是你自己的想法，也许你所谓的不能让我看见的另一面，对我来说，根本不是不能接受的。"

姑娘沉默了一会儿，接着说："可是我也在想，也许你也不是我理想的对象。我理想的对象要更成熟一些，情商也更高一些。"

小伙子也沉默了，过了一会儿说："如果你觉得我不够好，那我就从你生活中消失好了。"

我不知道他们对于彼此来说是否足够匹配，我只看到了两个想接近又害怕的年轻人。他们所谓的"我不够好"或"你不够好"，都是怕的不同形状而已。要进入一段亲密关系，就需要克服这种面对未知所产生的"怕"。但这些怕的理由是真的吗？也许是真的，也许不是，你只有在真实的关系里才能得出答案。

有时候，我们容易把亲密关系误会成一种凭感觉所做的判断。就像一个年轻人跟我说，他的恋爱模式是，刚开始遇到一个人时会很欣喜，觉得就是她了。可是当慢慢发现她有不如自己意的苗头时，他就赶紧离开，再换一个人。似乎他认为，爱情的所有任务，都是判断这个人合不合适。他不明白，爱是一种能力，是两个人进入一段关系后，通过遇到问题、解决问题逐渐培养的能力，而两个人的关系也会在解决问题的过程中逐渐深化。

所以，不要把爱停留在理念里，而要把它放到实践中。**爱是需要学习的，它不是一种感觉，不是一种状态，不是一个巧合，也不是一个现成品。它是一种能力，是通过与他人的联结来超越自我局限的能力。它需要在现实中学习，也能够通过学习提高。**如果把爱停留在理念中，那你永远都不会学到这种能力。

理念总是理想化的。一些年轻人沉迷于爱情偶像剧，把偶像剧中的爱情当作范本，结果通常会对现实里的爱情失望。

和理念中的爱情不同，现实里的爱情永远都是不纯粹的。有时候对方爱你，有时候对方别有企图，甚至还会利用你。所有爱情背后都有人性的复杂面，欲望、需要、幻想、恐惧、权力和控制——它们让爱情不是童话般的粉色，而是存在大量的灰色地带。

理念中的爱情永远都不需要处理这些事情，但现实的爱情需要。处理这些事情，正是学习爱这种能力的路径。**你需要面对和接纳对方与自己的缺陷和不足，也需要放下那些理想化的东西，去看看眼前这个真实的人。**所有这些都是在亲密关系的互动中逐渐学到的。

创造新经验

要学习爱的能力，需要你能够把自己交付出去。

改变的本质，是用新经验代替旧经验。在亲密关系中，我们也需要创造一些新的经验。

对亲密关系的经验来说，最特别的地方是你得学习依靠别人。这与人类保护自己的本能是相悖的。人害怕自己受伤害，因而不敢把重要的东西交给别人。

但是，**要走出"自我"，走向"我们"，就需要把自己托付给别人。**学习把重要的东西给别人当然不容易，它是一场冒险。但也正是这场冒险行动，会让人们获得新的经验。

一个来访者有过很多次分手的经历，最近一次分手的原因是男朋友提起自己的前女友是一个公司高管，她忽然觉得很慌。这种慌张感一直持续着，直到他们快结婚时，她选择了逃跑。她说："男朋友提到前女友很成功，我并没有生气，只是觉得很慌，好像我被放到了一条被相互比较的赛道上，而我注定是那个失败者。所以我一定要逃走，在比赛开始之前就逃走。如果说在感情上我有什么擅长的，那就是我很擅长离开。通常在别人抛弃我之前，我就先抛弃对方了。"

这种自我保护其实就在不断强化"这段感情也会失败"的旧经验，让她失去了从亲密关系中获得新经验的机会。

与这个故事类似，另外一位女性朋友在亲密关系中也有过一些阴影。她总说男人都不可靠，每一段可能的亲密关系都让她焦虑。有一次她又向我如此抱怨，我问她："确实有很多男人不可靠，你也因此产生了很多焦虑，那你还要不要找？"她想了想说："还是要的吧。"

过了一段时间，我再次见到她时，她已经要当妈妈了，挺着大肚子，一脸幸福。我问她经历了什么，她说："我老公知道我的不安，当我很焦虑，对他发脾气时，他总会说：'没关系，我不会离开你的。''你放心，我们会很幸福的。'我老公好像并不厌倦安慰我，反而很享受这个角色。他说得多了，慢慢地，我也就信了。"现在，她再也不用警惕的眼光看身边的人了。

她把所有改变归功于碰上一个好老公，可我觉得，也许改变发生在更早的时候，在她说还是要找个老公时，她就已经下决心要开始行动了。她让自己的担忧在现实里发生，虽然仍旧小心翼翼，但重要的是，她承认心里的害怕，选择把自己重要的东西交给别人。

关系里的伤，还是要靠关系来医治。也许有人会说，万一真的碰到不靠谱的男人，遇到新的伤害，那该怎么办？

没有人可以给你任何保证，你可以选择让这个故事开始，也可以选择不开始。只是，如果选择了不开始，你就会错过一些东西。从

"我"到"我们"的过程，就是一场冒险之旅。所有冒险故事都可能会有危险，但这些危险不是重点，借由战胜这些危险获得的成长才是更重要的。

所有冒险之旅本质上都是成长之旅。更何况，**这场冒险之旅并不是你一个人在走，有人跟你一起**。也许走着走着你会发现，不知不觉中，"我"已经变成了"我们"。

爱的练习

♥ 如果你尚未进入一段亲密关系：

（1）如果有可能，我选择进入□不进入□一段亲密关系。（请在方框里打钩）

（2）如果我选择进入一段亲密关系，要做的准备是：

♥ 如果你已经在一段亲密关系中：

（1）我当初进入这段亲密关系的"怕"是：

伴侣进入这段亲密关系的"怕"是:

（2）伴侣帮我克服"怕"的方法是:

（3）跟伴侣分享你从"怕"到"不怕"的心路历程，并请他分享
他的心路历程。体会在这个过程中你们亲密关系的变化。

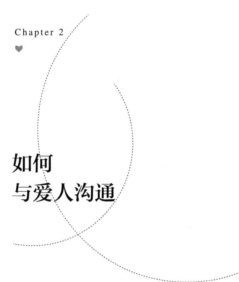

Chapter 2

如何
与爱人沟通

从这一章开始，我将带你从"我"的世界，进入"我们"的世界。

一对夫妻在一起生活，必然会遇到很多难题。要处理好这些难题，需要夫妻之间发展出有效的沟通模式。

爱人之间的沟通，并非"说话"这么简单，而是全方位的关系信息的接收与回应。有效沟通，意味着既听得懂对方的话，也能及时回应这些话背后传递的关系信息。长久的沟通习惯会塑造夫妻之间的沟通模式，变成夫妻的"人格特征"。有时候就算你想要改变，也很难一下就做到。

如何与另一半进行有效沟通？

如何改变不良的沟通模式？

如何沟通最能培养彼此的感情？

本章会带你一起学习。

沟通无处不在

我曾在一个心理沙龙里跟大家探讨，如果和爱人发生矛盾了该怎么处理。一个年轻的朋友站起来说："如果是我，我就背起书包去远方旅行，住十天半个月，等把自己心情调节好了，再回来好好跟爱人说。"

我问他："你是单身吧？"他笑着说："是啊。"

为什么我知道他是单身？因为和爱人发生矛盾冲突后，选择背包旅行，找个地方静静，通常是单身的人才会想出来的办法。

真正身处亲密关系中的夫妻知道，这样的办法行不通。单身的时候，"背包旅行"是一个人的事。但在亲密关系里，"背包旅行"就变成了关系的事，不管你有意还是无意，它都不可避免地向爱人传达了一些信息。

比如，当你说"我想一个人静静"时，对方接收到的信息可能是："你让我很烦。"她可能会想："我这么辛苦付出，你却觉得我烦，这对我公平吗？"

这么想的时候，她也会用自己的方式回应你，而她的回应又会影响你。如果你在意这段关系，那么你出门旅行时，背负的不只是你的背包，还有对方会如何看待你的行为的疑虑，这种疑虑所带来的关系的牵绊，往往比你身上的背包还重。

在关系里，沟通无时无刻不在，只不过有些沟通并没有被说出口。要理解关系中的沟通，你需要学习从关系的视角看问题。

关系的两个层次

法国哲学家卢梭曾经说过："虽然被屋顶上偶然掉下来的瓦片砸到会很痛，但被一颗向你蓄意丢来的小石子砸到更痛。"如果这颗小石子是由爱人砸的，这种痛苦还会加倍。

在关系里，任何一件事发生，都可以进行两个层次的解读。

第一个层次：事实本身是什么，我称之为"事实事件"。在卢梭所说的话中，"事实事件"就是被瓦片砸到或被小石头砸到。

第二个层次：这个事实背后所代表的关系是什么，我称之为"关系事件"。在卢梭所说的话中，"关系事件"就是"蓄意"这两个字。是谁砸你的？是不是有意砸你？他想用砸你表达什么？

所谓"关系的沟通"，就是关于关系事件的沟通，本质是人们如何接收和传递关系信息。亲密关系中的沟通，大部分都是这一类沟通。它并不像事实事件那样都能被看见，却是沟通成功与否的关键。

事实事件 vs. 关系事件

用关系的视角看，事实事件和关系事件之间存在三个差异。

第一，事实事件是孤立的，它要么是你的事，要么是我的事。关系事件则是发生在你我之间的事。你的所作所为会影响我，我的所作所为又会影响你，这种相互影响才是关系事件的实质。

现在很流行一个观点："人要活出真实的自己。"好像只要摆脱关系的束缚，就能获得自由。可是如果从关系的视角看，"活出真实的自己"意味着什么？

当你对爱人说"人要活出真实的自己"时，对方也许会想："你没有活出真实的自己？是我限制你了吗？还是你对我们的关系不满意？"

也许你会这样辩解："不是啊，我只是想遵从自己的想法和感受生活而已。"那对方可能回答："哦，那是我的想法和感受对你不重要吗？"

这正是亲密关系最难的地方。在关系里，一个人的任何行为都不只是一个人的事。这些行为就像一块投入湖面的石头，会在关系中激起很多涟漪，这些涟漪会成为关系新的材料，对关系产生新的影响，生生不息，绵绵不绝。

第二，事实事件是自然发生的，而关系事件常常包含着个人的意图，是有意为之，虽然有时候当事人并不一定能意识到。

我遇到过一对夫妻，丈夫每周都会有四五天晚上出去跟朋友喝酒，经常一两点才回家。妻子当然很生气，每天都打电话指责他："这么晚了还不回家，你都这么大人了，怎么还这么不负责任？你这些狐朋狗友没一个好的，你跟他们混没什么好结果！"可是丈夫不为所动。

在咨询室里，妻子哭着说："其实他要不要见朋友、要不要早点回家都只是表象。我真正没法接受的是他不在意我，我说什么他都不听，也不愿回家陪我。我觉得他不再爱我了。"

丈夫却说："其实我这把年纪了，这些该玩的事情早就玩过了，我也没太大兴趣。她说我那些朋友是狐朋狗友，我也承认，有些只是酒肉朋友而已。我每天晚上出去喝酒，只是不想让她控制我的生活。我也有自己的事业，凭什么家里事事都要听她的？！我要她管这么多吗？"

丈夫平时很少说话，无论妻子怎么责备，他都默不作声。他知道妻子真正在意的是回家陪她这件事，他就是要用不回家来报复妻子的责骂。

如果只看事实事件，妻子并不反对丈夫跟朋友喝酒，丈夫也愿意早点回家，对此两人并没有太大的矛盾。

可是从关系事件看就不同了。在妻子看来，丈夫回家代表了对自己的在意和重视，而在丈夫看来，这代表自己受老婆的控制，任她摆布。在意还是冷落、接受控制还是反抗，才是关系里真正牵动人心的事。如果这对夫妻理解了这件事代表的真正意义，妻子就可以思考一下，怎样才能既表达自己对丈夫的需要，又不让丈夫觉得是控制；而丈夫也可以想想，怎样才能让妻子体会到他的束缚感，而不是用不回家来报复。当两个人聚焦于关系本身，沟通才能发生。

第三，事实事件是客观的，而关系事件是主观的。

一件事在关系里意味着什么，取决于当事人的解读。而这种解读又受到他们过去经验的影响，有很强的主观性。就像上面的例子里，丈夫想传达的是"你不要控制我"，而妻子解读到的是"你不想理会我"。这也是为什么在亲密关系里，哪怕最亲近的人，也总会有很多误解。

我见过一对夫妻，每当两人发生矛盾时，丈夫就会沉默，妻子因此非常生气，两个人经常争吵。

为什么丈夫一遇到矛盾就沉默呢？

丈夫说："在我的原生家庭里，父母都是暴脾气，他们经常吵架，从来不懂得退让。有时候吵得太厉害，我就会去做'和事佬'。如果能把其中一个人拉到旁边不说话，那我这个'和事佬'就算成功了，至少家里不会爆发'大战'。"所以在丈夫看来，沉默代表退让和妥协，这完全是善意的。

妻子却说："在我的原生家庭里，父母经常冷战。我妈妈一不高兴就会冷着脸，谁都不理。每当这时，家里人就会很紧张，猜测她为什么生气，是不是自己惹到了她。"所以在妻子的语境里，沉默代表冷战和惩罚，完全是恶意的。

沉默作为一个事实事件，却有两种完全不同的关系的含义。谁的解读是对的？对于一段关系而言，解读没有对错之分，它需要关系双方平时有足够的沟通。

爱的练习

💛 观察你和伴侣之间最近发生的一件事，并思考：

这件事的事实事件是：

对于我来说，它背后的关系的含义是：

对于我的伴侣来说，它背后的关系的含义是：

02 关系模式是亲密关系的"人格"

当你学会用关系的眼光看问题时，你就会发现，夫妻之间的每一个互动、每一句对话，背后都有关系的含义。这些关系的互动隐藏在各种事实事件背后，碰撞、摩擦延绵不断，演奏出一首夫妻之间长长的歌。虽然这首歌里的每一个音符都不太一样，可是听得久了，你就会发现，有一些旋律会在这首歌里反复出现，这些固有的旋律就是关系的模式，代表了夫妻之间某种固定的相处模式。如果我们用"人格"来形容一个人固有的特征，那关系模式就相当于夫妻的"人格"，是一对夫妻最重要的特征。

关系模式的特征

关系模式有两个特征。

第一个特征，它是由夫妻的相互配合构成的。

所谓配合，可以简单理解为两个步骤：第一，一方是如何表达爱和需要的；第二，另一方如何回应这种表达。假如另一方理解和接受，再奇怪的表达都可以变成好的关系模式；如果另一方不接受，看起来再好的表达也是糟糕的关系模式。

在一次心理沙龙上，有个妻子骄傲地分享她的夫妻相处之道："我和老公在结婚之前就有一个约定，如果我们发生争吵，他要先跟我说话，向我道歉。现在我们已经结婚5年了，到目前为止，他都做到了。所以我们每次争吵都能很快平息。"她丈夫当时也在旁边，我问他："你乐意这样做吗？有没有上当受骗的感觉？"他说："没有啊。我很高兴能哄老婆开心，这是我作为男人的责任。"

这时旁边有位女士站起来说："我觉得这样根本不公平。凭什么女人要在婚姻里有特权？这是一种不平衡的关系，很难持久。"

这位女士只看到了事实事件，觉得妻子的要求不合理，却没看到这个要求和道歉是这对夫妻解决问题的方式，也是他们的关系模式。（当然了，可能秀恩爱也是这对夫妻的关系模式，这位女士看不惯的也许是这个。）但至少他们都接受并对这种模式很满意，这就是一对配合得很好的夫妻。

第二个特征，这种配合模式很容易变成持续的习惯，一旦形成，身处其中的人就很难改变。

在长久的相处中，夫妻对关系信息的解读，几乎会变成一种自动化反应。这种自动解读的好处是减少了信息加工的过程，似乎彼此天然地了解对方。坏处是假如一方尝试改变，另一方仍用原来的方式进行解读，很容易让想要改变的一方感到委屈、气馁，从而阻碍改变的发生。

我曾遇到过一对夫妻，两人总是为生活琐事争吵，似乎每件事都要争个对错高低，导致双方都痛苦不堪。后来丈夫想为家庭和孩子做一些改变。在妻子生日这天，他精心订制了一个蛋糕带回家，祝妻子生日快乐。妻子其实很感动，但她没有表达感激，而是习惯性地问："蛋糕多少钱？"丈夫报了一个数。妻子说："这么贵！我知道一家蛋糕店，比这个蛋糕还好，价格便宜三分之一！"

丈夫很生气，哪怕他这样表现好意，妻子还是要争"我比你高明"。而妻子觉得，我不过是告诉你一个信息，你为什么这么敏感？两个人因此又吵起来了。

这对夫妻的关系模式就是"争输赢"。在这种模式中，我们总是忍不住想要证明对方错，自己对。对妻子来说，她已经习惯了质问丈夫，哪怕他表现出好意，而自己也感受到了好意；对丈夫来说，只要妻子表现出贬低自己的信号，他就会发怒，陷入和妻子争论的漩涡，哪怕他再三提醒自己，他的目的是和妻子重归于好。这种自动化反应把两个人困在原有的模式里，无法改变。所有热切的需要、亲近的渴望、体贴的尝试、伤害的内疚、对未来的畅想，最终都会被扭曲到"谁比谁高明"的模式上来。两个人怎么讲都讲不到一块儿，久而久之，就失去了沟通的热情和信心。

一旦陷入习惯的关系模式，夫妻就很难感知到对方的改变，只会用习惯化的方式解读对方的言语行为，并抱怨为什么对方不改变。

比如有一对夫妻，丈夫总是习惯用回避来应对妻子的要求，很少说自己的心里话。在一次咨询中，丈夫终于尝试着向妻子表达自己的需要："我希望下班回家时，偶尔能看到你帮我做个饭。有时候我睡得太晚了第二天早上起不来，希望你能帮我送孩子上学，跟我说一声老公你多睡一会儿吧。这样我就会很开心，觉得你是体贴我、在乎我的。"

丈夫说得热泪盈眶，妻子却马上反驳："你说我没有体贴你，你自己做得怎么样呢？上次我生病在家，你却在外面和你那帮朋友喝酒！"

丈夫在表达对妻子的需要、对亲近的渴望，这是他以前没有做过的，是他的一个改变。对妻子来说，最好的回应是"我知道这对你很重要，我愿意尝试"。就算不想尝试，她也可以说明原因。但是，丈夫的需要却被妻子解读为"我没满足你的需要"，又进一步被解读为"因为没满足你的需要，所以受到你的指责"，于是她开始为这种指责自我辩护。

为什么明明是好的开始，最终却回到熟悉的沟通模式呢？这背后也是我们对关系的"怕"。我们太害怕因为对方的指责而受伤，以至于只要对方一说话，我们就想用自我辩护或指责回去的方式来保护自己。这时候的我们没有办法思考和回应对方的需要，也没有办法思考我们想要的是什么，只能在原来的模式中痛苦地重复又重复。

积极的关系模式 vs. 消极的关系模式

在亲密关系中，积极的关系模式可以大大促进夫妻双方的感情，消极的关系模式则很容易使夫妻之间产生矛盾。

积极的关系模式通常有两种特征。

第一，积极对称[1]。

所谓对称，是指一方的语言和行为激发了另一方相似的语言和行为。积极对称，就是互相激发出积极的语言和行为。好的亲密关系中有很多对彼此的认可，这种积极的关系信息会被相互激发，从而形成良性循环。

比如在回忆过去时，丈夫对妻子说："这几年走过来不容易，谢谢你支持我。"妻子也跟丈夫说："有你在我觉得很幸运。"慢慢地，夫妻就会带着对彼此满满的感恩生活。

第二，有效互补。

所谓互补，是指一方的语言和行为激起了另一方完全不同的语言和行为，形成一种相互补充。

比如，妻子要求丈夫道歉，丈夫也真诚地道歉了；又如，在争吵中，妻子看丈夫火气上来，就先停下来不说话，等丈夫气消了再说；再如，在养育孩子的过程中，夫妻两人一个人扮红脸，另一个人扮白脸。这些都是有效互补，有效互补的背后，是对彼此的了解和配合上的默契。

与积极的关系模式相反，伴侣之间消极的关系模式同样有两种特征。

第一，消极对称。

在消极对称模式中，一方会从另一方的言行中解读出很多消极的关系信息，而一方的反应又刺激另一方释放更多消极的关系信息。

1　关于沟通中的对称和互补，参见〔德〕保罗·瓦兹拉维克：《人类沟通的语用学》，王继堃译，华东师范大学出版社2016年版。

比如妻子指责丈夫说："每次你都这样，从来不考虑我的感受！"丈夫回击："那你呢，你想过我吗？"两个人越说越气，形成一种恶性循环。

第二，无效互补。

如果说有效互补中，两个人之间是一种默契的配合与交流，无效互补则会导致交流的中断。

比如，妻子指责丈夫："每次你都这样，从来不考虑我的感受！"丈夫却默不作声。妻子继续说："你倒是说话啊！别像一块木头一样！"妻子说得越大声，丈夫就越沉默，丈夫越沉默，妻子就说得越大声，形成一种恶性循环。

从不好的夫妻关系中，你会发现很多消极对称和无效互补的影子。积极的关系模式会让一件不开心的事变开心，消极的关系模式则会让一件明明开心的事变得不开心。

我见过一对夫妻，两人经常吵架，很难和平相处。在一次激烈的争吵以后，两人约定不吵了，通过旅行来修复关系。丈夫因为工作忙，让妻子来安排旅行的各种事情。

最开始筹划旅行时，两人都挺开心的。可到了酒店，丈夫刚坐下就说："这个房间有点吵啊。"妻子当时就有点不高兴，但她忍住没说。第二天他们租了一辆当地的车外出，丈夫又说："这个车费有点贵。上次我一个朋友来玩，好像500块一天就够了。"妻子很不高兴地说："那下次你自己来安排。你什么都不弄，我弄好了，你还说三道四。"丈夫急忙说："我只是说一下这车，你也太敏感了，怎么又生气了？不是说好不生气的吗？"妻子说："你也太挑剔了，这样玩还有什么意思？"

妻子指责丈夫挑剔，丈夫指责妻子敏感。在陷入惯常的关系模式后，两人越说越生气，最后都沉着脸，对外面的美景视而不见。

如何打破无效的循环

如果陷入消极的关系模式，该怎么改变呢？

改变个人的习惯并不容易，改变两个人的关系模式难上加难。有时候，在陷入消极的关系模式后，双方经常会有这样的感觉："又来了""总是这样"。不断重复的消极关系模式，让人特别疲惫、沮丧甚至绝望。

可是改变并非没有可能。下面我会用一个案例来说明改变的五个原则。

我曾经接待过一对年轻的夫妻，30岁出头，丈夫创业很忙，妻子是一个自由职业者，时间相对清闲。因为工作原因，两个人生活在不同的城市。有时候丈夫有空了，就提前约妻子一起吃饭，或者一起去旅行。妻子会很高兴地安排时间。可是等妻子安排好了，丈夫却经常因为"公司又有个重要会议""忽然有个重要的客户要见"等原因而爽约。这让妻子非常生气，觉得自己被忽略了。每当这时，妻子就会抱怨丈夫不重视自己。妻子抱怨得多了，丈夫觉得很有压力，后来干脆躲着妻子。妻子越抱怨，丈夫越躲，妻子越觉得丈夫冷落自己，形成了一种无效的互补模式。如何改变这种模式呢？有五个要点。

不给对方贴标签

从一开始，妻子就说："我的老公是一个很冷漠的人，他根本不会顾及我的感受。"先生也说："我的太太是一个控制欲很强的人，每件事我都要做到完美，她才会满意。"

"冷漠""控制""完美主义"……这些我们给伴侣贴的标签，不仅是说问题在我的伴侣身上，而且还在暗示：他就是这样的人，所以改不了。

当你这么看对方时，已经失去了改变对方的可能性。你要做的，是先改变你对他的看法，至少能够从他身上看到新的可能性。人是有很多面的，你的伴侣也是。如果你想看到不一样的他，先从不给他贴标签开始。就像这对夫妻，所谓的冷漠、控制、完美主义，并不是他们自身的特性，而是在不良的沟通模式中逐渐被激发和加强的。只有改变沟通模式，他们的另一面才会被看到。

放弃自我辩解

在以往的沟通中，当妻子追问时，丈夫习惯躲避沟通。也许你会想："既然不能躲，那好好讲道理行不行？"当然可以，不过还要看这个道理是怎么讲的。如果讲的道理是诉说自己的苦衷，为自己辩解，通常没有用。比如丈夫不停地说："其实我也不想爽约，但我没办法啊，那天投资人忽然找我有急事，你说我能怎么办？"可是他越为自己辩解，妻子就越生气。

为什么会这样？因为辩解的潜台词是："我有道理，而你没有道理。""你根本不懂我的苦衷。"对方很难接受这样的辩解。在无效的沟通模式中，和抱怨一样，辩解通常也是旧的沟通模式的一部分。可是就像抱怨带来不了改变一样，辩解也没法带来改变。

有时候，我们确实觉得很委屈，比如明明我想要改变，对方却没有看到。这时候，你不需要解释，更不需要丧气。如果你想要辩解，可以先问自己："当我这么说时，对方会听吗？他愿意接受吗？"如果你的答案是否定的，那就不如别说，很多时候，你一辩解，就会回到原有的沟通模式，不如先听听对方怎么说，把注意力集中到对方身上。随着改变的积累和扩大，你的伴侣最终会发现你的不同，进而引发自我的改变。

从我开始改变

从关系模式看两个人的相处，有两个关键词很重要，一个是"配合"，另一个是"循环"。

"配合"意味着关系模式不是一个人的事，而是两个人的事。也许有人会说：对啊，配合是两个人的事。万一我想改，而对方不配合，那我一个人努力有什么用？

很多时候，人们容易把问题归因于对方，把自己当作无能为力的受害者，很少去想自己能改变什么，从而改善关系模式。之所以会有这种想法，是因为没有看到自己对对方的影响，才会期待对方发生改变。你要知道，抱怨、指责或逃避沟通都会成为关系模式的一部分。所以，关系模式包括你的旧行为，哪怕你坚定地认为你的旧行为是由对方的行为引起的。

"循环"则指一个人的行为是在另一个人的刺激下产生的。丈夫的冷落引发了妻子的抱怨，妻子的抱怨又让丈夫想躲，这种躲更加剧了妻子被冷落的感觉，形成一种恶性循环。循环意味着你的改变常常会引发对方的改变。所以，当你陷入消极的关系模式时，你可以这样问自己："我到底做了什么，把他变成这样？""我可以做些什么来打破这个无效的循环？"

这些问题的答案，就是你要改变的方向。如果这对夫妻这么问自己，也许妻子就会知道，自己的抱怨于事无补，可能还会把丈夫推开，所以她要改变的，就是抱怨；而丈夫也会知道，自己的"躲"只会加剧妻子的抱怨，他要改变的，就是对问题的躲避。只有这样，无效的循环才可能被打破。

看见对方微小的改变

大改变总是从小变化开始的。你可以从小地方着手改变，从而改善你们的关系模式。反过来，如果对方有小的改变，你也可以给他积极的反馈。比如，当伴侣向你示好时，跟他说谢谢；当伴侣表达他的需要时，告诉他你听到了。**获得反馈的改变才会被保留、积累，逐渐变成更大的改变。**

我们对改变有一种误解，以为一个人既然决定要改，那他就应该脱胎换骨，变得完全不一样。所以只要他有一次跟原来相同，我们就认为他没有改变。可真实的改变常常是一个新行为和旧行为同时共存的过程。有时候，我们习惯盯着对方的旧行为，因此忽略了对方的新行为，以为改变没有发生。

就像这个案例，后来丈夫觉得自己确实因为忙于工作，忽略了妻子，痛定思痛，决定改变。他也确实推掉了一些事情，对妻子更上心了。可是一星期以后，他又因为一个重要的会议安排对妻子爽约了。妻子十分愤怒，觉得丈夫什么都没改变，"又来了"。而她的反应也让丈夫很生气，觉得我明明为你改变了这么多，你却没有看见。

妻子的反应其实能够理解。有时候，当伴侣的旧行为让我们受伤太多时，我们就会对这些旧行为分外敏感，不敢轻易信任对方，一旦对方出现旧有的信号，就马上撤回自己的信任，以此保护自己。

每当这时，我就会帮助夫妻把目光放到彼此的新行为上。我跟妻子说："重要的不是旧行为还会不会出现，而是新行为会不会增加。"为此，我给她布置了一个作业：**忽略丈夫爽约的时候，把丈夫没有爽约的时候记下来，并通过表达感激的方式给丈夫反馈，告诉他你看到并且欣赏他的改变。**慢慢地，妻子越来越能看到丈夫的改变，也越来越信任和接受他，而丈夫的变化也越来越大，形成了良性循环。

良性循环的启动，需要从看到对方小的改变开始。

改变处理事情的模式

改变有两种：一种是彼此改变自己的行为。比如在前面的案例中，妻子变得更宽容，就算丈夫爽约，也不那么生气了；而丈夫变得更体贴，如果答应了妻子，就尽量履约。这当然是一种理想的状态，有时候丈夫还是会爽约，妻子还是会生气，我们就要考虑另一种改变：改变夫妻处理事情的方式。也就是说，当这种不如意的事情出现时，我们要换个方式处理它。

这两种改变的区别是什么呢？前一种改变，想的是怎么让这个难题消除；后一种改变，想的是假如难题还会存在一段时间，怎么处理才能让它的影响变小。后一种改变需要改变夫妻的互动模式，这是改善夫妻关系的真正关键。

比如在上面的例子中，这对夫妻原先处理事情的方式，就是妻子感到委屈，开始埋怨，而丈夫受到埋怨，开始躲避。如果丈夫能够从此不再爽约，事情当然会不一样。可是，假如这个改变不会马上发生呢？

这时候，我会问妻子："你丈夫已经承诺改变了，可是因为各种原因，他偶尔还是会爽约，怎么做才会让你不那么生气呢？"

我也会问丈夫："有时候你不能完全做到答应的事，你妻子还是会生气，怎么做才能更好地安抚她？"

他们就开始讨论。最后妻子说："比如说那天约好了要一起吃饭，如果你能顺便帮我买张电影票，并且跟我说：老婆，抱歉我不能来陪你了，请你看场电影吧。或者你再帮我安排一个其他活动，哪怕你问我一下要不要去，我都会觉得好很多。"

丈夫就说："好。以后万一我又爽约，就想想怎么安排比较好。实在想不出来怎么安排，我就问问你。"

两个人回去后，真的这样尝试了。每次丈夫爽约，就努力给妻子一个新的安排。实在想不出该怎么安排，他就会跟妻子说："老婆，男人是很笨的，你帮我出出主意，你想去干什么？"这时候，妻子会发个翻白眼的表情过去，可她内心是轻松的，她觉得丈夫是在乎她的。而妻子的轻松也让丈夫觉得，妻子并不是蛮不讲理。这时候，两个人都没有把对方当作需要解决的问题，相反，他们站在一起，共同应对丈夫的工作带来的问题。事情没有变，可是处理事情的方式变了，两个人的关系模式也就此发生了改变。

爱的练习

♥ **沟通模式练习**

（1）观察你和伴侣在处理矛盾时的沟通模式。

当对方_____时，我总是用_____的方式来回应。

当我_____时，对方总是用_____的方式来回应。

（2）制订改变计划，学习新的应对模式。

当对方_____时，我可以尝试用_____的方式来回应。

（3）观察练习效果，请伴侣给予反馈。

♥ **改变应对难题的方式**

（1）我和伴侣所面临的其中一个现实难题是：

（2）我们现在应对这个难题的方式是：

我：

伴侣：

（3）假如这件事暂时不能改变，我们可以采用的新的应对方式是：

我：

伴侣：

（4）制订一个改变计划，并与伴侣相互监督。

改变计划：

如何避免消极的沟通模式

亲密关系中的沟通，总是围绕"依恋"这个核心议题进行。如果沟通是以促进彼此亲密关系的方式进行的，关系双方就会进入良性循环，他们的依恋关系也会越来越稳固。

可是，如果沟通是以一种不恰当的方式进行的，两人之间就会产生很多矛盾和误解。常见的不良沟通方式有三种：

第一，双方都主动攻击，导致争吵，这是消极对称的沟通模式；

第二，一方主动追问，另一方被动逃避，形成追逃模式，这是消极互补的沟通模式；

第三，两个人都被动逃避，导致冷战，这是另一种消极对称的沟通模式。

下面我们就通过这三种沟通方式，看看如何有针对性地避免消极的关系模式。

争吵

你肯定有过这样的经验：不知道为什么，你总会因为一些小事跟伴侣吵架，比如谁倒垃圾、谁洗碗、约会迟到，等等。

虽然引发争吵的事情五花八门，争吵的模式却都是类似的——不停指责对方，为自己辩护，谁也不肯让步。

当亲密关系中的一方用愤怒和指责表达自己受到的伤害时，另一方会认为"你觉得我不好"，然后进入防御状态，用愤怒和指责来回应。这时，亲密关系双方会陷入相互指责的模式中，表现形式就是无休止的争吵。

走出争吵的怪圈

怎样才能走出争吵的怪圈？如果你知道所有愤怒背后都带着悲伤，就可以回到依恋的源头，看到自己和对方愤怒背后的悲伤，挖掘和回应悲伤背后的需要。

我见过一对夫妻，在咨询室里，妻子对丈夫说："我希望你能陪我逛逛街、说说话，可你不是在外面跟朋友玩，就是回家对着手机玩游戏，你有一点对家庭的责任感吗？"

丈夫也很生气："那你自己做得怎么样？我工作这么忙，压力这么大，你体谅过我吗？那几天我加班，每天晚上回到家都11点了，有时候连晚饭都没吃。别说给我弄点夜宵了，你有过一声问候吗？"

妻子冷笑一声说："人总是要有付出才会有回报啊。"

丈夫就更生气了："好，你要这么说，日子就没法过了。都别过了，谁怕谁啊？！"

这是典型的争吵模式。夫妻都觉得自己受了很大的委屈，指责对方对自己不好。我没有评价谁说得有理，而是先让这对夫妻停止争吵。我问丈夫："你听到你妻子在说什么了吗？"

丈夫说："我听到了啊，她在指责我没有责任感。"

我说："我听到的不是这样。你的妻子在说，我希望老公能陪我逛逛街、说说话。妻子，这是你的要求吗？"

紧张的气氛忽然软了下来，这位妻子眼眶一红，说："是的，这就是我的想法。"

我继续说："可是你也没有听到你老公在说什么。其实他一直在说，我想有一个体谅我的妻子，我想有一个温暖的家。是这样吗？"

丈夫也频频点头。这时候我跟妻子说："既然你的需要是这个，那你能不能好好地直接跟你老公说出你的需要呢？"

刚刚还咄咄逼人的妻子，忽然变得扭捏起来。她看着丈夫，不知道该怎么开口。最后她鼓起勇气说："你能不能多陪我逛逛街，跟我说说话呢？"

我能理解她的扭捏。有时候人们误以为这种扭捏只是矫情，老夫老妻了，不习惯说甜言蜜语。事实上，扭捏是因为害怕。当你鼓起勇气、小心翼翼地向对方表达自己的需要时，如果对方的回应是"不"或提出交换的条件，你就会感到受伤、愤怒，并告诫自己："下次绝不能再这么傻了，绝不能再给他伤害我的机会。"因此，**为了让拒绝不再发**

生，你给自己的需要提前加上了愤怒或指责的包装。或者你不断跟自己说："不要对他提什么要求，没有他，我也能活。"用不抱期望来避免自己失望。

处于关系中的双方都希望对方看见自己的需要，又因为对方忽略自己的需要而生气。但是，当因为对方的忽略而生气时，你也要想清楚一件事：对方到底是不想满足你的需要，还是不想接受你的指责和愤怒。

还有一些人在提出需要时会说："我需要你陪我，但你肯定做不到！"

为什么要提前预设对方会拒绝呢？因为害怕失望，所以提前拿起盾牌，可是你手里防守的盾牌会变成刺向对方的利剑。

幸好这对夫妻没有这么说。面对妻子的需要，丈夫回答："我当然愿意了，以后我一定会多陪陪你的。"听到丈夫这么说，妻子的脸笑成了一朵花。

从害怕说出需要会被拒绝，到用愤怒表达需要，亲密关系中的两个人变成了拳击台上冷酷无情的对手，外表强硬，内心却期待对方能够看到自己真正的需要。这样的战斗不会有赢家，却一定会有　个输家，那就是双方的感情。**试着说出自己的需要，认真倾听对方，如此才能走出互相指责与争吵的恶性循环。**

"有效"吵架

在亲密关系中，每个人都希望能与伴侣永远甜蜜恩爱，没有争吵，但现实是两个人总会因为各种各样的事情吵架，身心俱疲。但是，如果换个角度来看，我们会发现吵架其实也是伴侣之间经常发生的一种特别的沟通方式和解决问题的方法，它代表着一个人对这段感情和对方的在乎，愿意袒露自己的需要和心声，愿意跟对方交流自己最隐秘、最真实的想法。这背后也代表着双方对关系的信任。

那么，什么是吵架的"正确"姿势？怎样通过"有效"吵架，使争吵转变为积极的沟通模式？我们来看一个真实的案例。

一对夫妻已经结婚8年，有一个4岁的儿子，关系还不错。有一天晚上，丈夫在沙发上玩手机，妻子说："让我看一下你的手机。"丈夫没太在意，随口问："要看我手机干吗？"丈夫这么一问，妻子倒是在意了："怎么，我不能看啊？你有什么秘密？"妻子这么一问，丈夫也开始在意了，觉得好像妻子在查他，就不愿意给妻子看。

妻子下不来台，就跟儿子说："去，把你爸爸的手机拿来！"儿子以为是一个游戏，开心地去抢爸爸的手机，一边抢一边说："妈妈要妈妈要，爸爸赶紧给我！"

丈夫很不高兴，可是碍着儿子的面子，又不好发作，就把手机给了儿子。儿子很高兴，拿着手机跟妈妈邀功。妻子拿到了丈夫的手机，可是自己也觉得无趣，看了一会儿就放下了。丈夫说："看完了吧？我出去一下。"就到外面躲清静去了。

晚上丈夫回来很晚，两人都没说话。第二天，公公出差路过，到家里来看他们。妻子还是很不高兴，没怎么搭理公公。公公坐了一会儿，觉得气氛不对，就悻悻地走了。丈夫更生气了，觉得妻子没礼貌，可是他也不想跟妻子说话，两人继续暗暗置气。

看到这里，也许你会想：不就是让不让看手机吗？哪来这么多事。如果这么想，那就意味着你还没有理解亲密关系里的小微妙。亲密关系中的矛盾，一开始都不是什么大矛盾，而是一些很难说出口的小委屈。如果这些委屈没有通过吵架表达出来，那两人的互动就会像放大器一样，把最初的小委屈不断扩大，最终变成不可收拾的大矛盾。

夫妻两人就这么僵持着，家里的气氛越来越紧张，终于在一天早饭的时候，争吵爆发了。

丈夫说："你怎么回事？一直这样冷着脸给谁看？你不要老公，不要这个家了是不是？"妻子的眼泪涌了出来，很多委屈涌上心头，她说："不要就不要，反正儿子要归我。"

丈夫更生气了："你怎么把自己看得这么重要？你是在拿儿子的幸福做赌注，知道吗？"妻子说："那天我想看你的手机，明明没有别的意思，就是想看看你拍的儿子照片，你就生气了，还离家出走。我也想走，可是我能吗？还不是得乖乖在家陪儿子？"

吵架的开始，两个人情绪都很激动。尽管这样，妻子还是说出了自己的委屈。

这是有效吵架的第一个特点：说出真正的需要、委屈和感受，而不是围着一些鸡毛蒜皮的小事绕圈子。

很多时候，争吵的双方在吵的事情和真正生气的事情并不是一回事，因为人们总是倾向于回避让自己难受的事情，但心里的气一直在，就可能会不管什么矛盾先吵一架发泄情绪。久而久之，关系双方自己也不知道在吵什么，要解决真正的矛盾更是不可能。

在这段夫妻的争吵里，虽然两个人的情绪张力都很大，但妻子还是很快把话题带回矛盾的开始，直接说出委屈。妻子的话让吵架一开始就有了一个聚焦的中心。

说完自己的委屈，妻子就哭了。丈夫原本心里还有很多气，想继续指责妻子，也想为自己辩解，可他没想到自己晚上出去这件事让妻子这么委屈。他光顾着自己委屈，没意识到原来这么做会让妻子不舒服，于是对她说："好，那是我错了。我不是想离家出走，我是没办法，不知道怎么应对这种情况。你就不能直接告诉我你想看照片吗？我生气也不是因为你要看我的手机，而是因为你让儿子来拿，好像儿子是你的帮手一样，这让我觉得自己在家里一点地位都没有。我后来不是让你看了吗？"

妻子说："我本来就不想看。我只是觉得你不信任我，觉得没意思，就不想说话了。"

丈夫继续说："可是那天我爸爸来我们家，他又不是经常来，你都不打声招呼，我心里怎么想？将心比心，如果是你父母来，你会怎么样？"

妻子也没想到自己对公公的冷落伤害了丈夫，她想了想说："这我要注意。我当时不跟他打招呼，是因为我还在生你的气。"

这是有效吵架的第二个特点：吵架的时候，能够倾听和回应对方的需要和委屈，而不是不停地为自己辩护，两个人自说自话。

无论情绪怎么激动，吵架也是一种交流，所以有效的吵架也意味着有效的回应。就像在这段吵架里，双方都没有一味地为自己辩护，而是很诚恳地认错，并解释了原因。这种交流可以增进了解，缓和矛盾。

听到对方这么说，两个人的态度都逐渐缓和。丈夫说："你可真是固执，怎么能坚持这么久？"妻子说："我哪里固执了？你倒是好，每天晚上睡得呼呼响，都不知道我整夜睡不着。"丈夫笑了，说："那你还不跟我说？你是我们家的冷战之王，应该给你戴顶桂冠！"妻子也跟着笑了出来。

这是有效吵架的第三个特点：有效的吵架，总是一边争吵，一边修复。 彼此都会抛出修复关系的"橄榄枝"，也会接住对方的"橄榄枝"。

就像这段吵架里，妻子揶揄丈夫每天睡得呼呼响，丈夫揶揄妻子是冷战之王，这都是对和解的试探。善于吵架的夫妻，就算彼此再生气，也会适度抛出类似这样的"橄榄枝"。无效的吵架，不仅没有和好的信号，冲突还会不断扩大，最终矛盾没有解决，双方反而越来越生气。

故事的结局是夫妻俩正在聊，儿子从另一个房间出来，看到妈妈脸上挂着泪珠，担心地问："妈妈你为什么哭？"妻子说："我正在生爸爸的气。"丈夫说："不是的。妈妈觉得爸爸不爱妈妈了，其实爸爸很爱妈妈。"

追逃

当亲密关系出现矛盾时，如果双方都习惯于表达指责和愤怒，就容易出现争吵的沟通模式。而如果一方倾向于主动出击，另一方倾向于被动逃避，就会形成第二种不良的沟通模式：追逃。

追逃的负向增强回路

你可能见过这样的场景：

妻子指责丈夫："为什么你总是忙忙忙，从来不关心我和孩子？！"丈夫默不作声。妻子继续说："你又来了，每次都这样，连说话都不会了吗？！"妻子越说越大声，丈夫却越来越沉默。

在这样的情境中，一方因为得不到对方的回应而指责他，另一方则通过沉默来逃避对方的指责。就好像在情感的赛道上，一个人拼命追，而另一个人拼命逃。越追越逃，越逃越追，两个人形成了一种相互增强的负向回路。

在追逃关系模式中，追的形式有很多种，比如黏着对方，希望对方时刻跟自己在一起；用批评和指责的方式让对方知道自己的需要；用沉默和眼泪让对方关注自己；等等。无论哪种形式，追的本质就是希望对方能给予更多的回应，在情感上和对方更靠近。

同样，逃的形式也有很多种，最常见的形式是回避和沉默。无论哪种形式，逃的本质就是通过回避对关系的讨论来回避情感的矛盾。

不同的"追"和"逃"相互组合，形成了伴侣之间不同的关系模式。

我见过一对夫妻，丈夫在外面忙生意，妻子在家里照顾孩子。妻子平时在家里不开心了，就会默默流泪。看到妻子流泪，丈夫不去安慰，反而把妻子的眼泪看作对他的指责，对她说："现在不都挺好的吗？别哭了，我工作很忙，你就不能自己找一些事情做吗？"妻子也不辩解，就在一边默默地哭。

我问丈夫："你妻子在哭什么？"丈夫说不知道，妻子却说："他总是忙自己的事，从来不关心这个家。"丈夫辩解说："我工作这么忙，也是在为咱们家努力操持。你说我没有主动关心你，没有给你打电话，你也可以给我打电话啊，你给我打电话，我也会接啊。"

听丈夫这么说，妻子好像又不知道该说什么了。她觉得丈夫说得好像有道理，但心里又不是那么愿意接受，于是又默默地哭了。

妻子的眼泪就是一种追的方式。而丈夫看起来似乎说了很多话，其实在这段情感中，他一直充当着逃的角色。很多丈夫会把工作当成挡箭牌："因为工作太忙，所以顾不到你。""我这么做，也是为了这个家。"这当然有道理。可是有时候，丈夫是因为不愿意面对亲密关系中的矛盾和冲突，才让自己这么忙，这样就有了看似光明正大的理由，可以不顾及对方。这也是一种逃。

追逃模式的成因

追逃模式是怎么发展起来的？我们可以从两个角度来分析其成因。

从个人的角度，"追"和"逃"反映了伴侣各自不同的防御倾向。当情感出现矛盾时，一方希望离得更近，通过接近和融合来缓解关系带来的焦虑，而另一方则恰恰相反。

从关系的角度，夫妻之间的追逃是两个人相互配合的结果。正是因为一方的紧追和控制，另一方才会不愿意或不敢回应。也正是因为一方总是不回应，另一方才会不停追问。

很多时候，追逃是从争吵模式发展而来的。通常热恋情侣、新婚夫妻还有力气争吵，吵着吵着，其中一个人怕了、累了，就开始回避和沉默。他越回避和沉默，另一个人就越指责他，形成恶性循环。

在这个恶性循环中，人们通常认为追的人强势、爱控制，却忽略了他们这样是因为害怕失去这段关系。同时，人们通常认为逃的人木讷、不体贴、不解风情，却忽略了他们心里怕的是"不被接受""无法成为一个合格伴侣"。

如何停止追逃模式

怎样才能停止追逃模式？追的人停止追，逃的人停止逃。

答案很简单，要做到却很不容易。因为追逃背后隐藏着关系双方更隐秘的愿望。

我见过一对新婚夫妻，妻子叫小冰。在咨询室里，小冰向丈夫抱怨说："你什么时候都是自己闷着，我想跟你说话，你却总是有话不肯直说。"她在用指责的方式"追"。

丈夫特别配合地说："好的，以后我要多跟你说说话。"小冰继续说："上次我跟你说我们公司里的事，你给我提了很多意见。我不需要你提意见，我需要的是你提供无条件的支持。你应该多站在我这边。"丈夫欲言又止，想了想说："好的，那我以后多支持你。"

看起来丈夫很配合，其实他一直在说的是："不要讨论了，快让这个话题结束吧。"他在用他的配合来"逃"。

我问丈夫："你怎么这么快就同意妻子了？既然你已经同意了，为什么又经常在家不说话呢？"丈夫很无奈地说："我是想配合我妻子，可是我不敢说太多，如果说得不对，她又会不高兴。我都有点怕她了。"

我就问小冰："你是想让老公怕你吗？"她说："当然不想，我希望家里的气氛轻轻松松的。"我又问："可是如果你老公说的跟你想的不一样，你能接受吗？"她回答："我不能接受，他是我老公，他当然应该无条件支持我。"

小冰的回答揭示了难以停下"追"的原因。表面上看，是因为我们想要靠近自己的爱人，不想他远离，可更深层次的原因是人们放不下理想爱人的样子，很难忍受现实中的爱人跟自己想象的不同。

小冰希望丈夫敞开心扉跟她交流，可是她又希望丈夫心里想的跟她一样。不然，她就会一直追着丈夫，直到丈夫给出她想要的回应。但她没看到，这其实是一种悖论。这种相互矛盾的要求，让丈夫不知所措，只好用假意的屈服和照顾来平息她的抱怨。

也许你觉得小冰是不讲理的人，丈夫是受害者。可是，换个角度看，当丈夫说"我不知道怎么回应"时，就意味着他把所有沟通的责任都推给了妻子。

丈夫的回应揭示了"不逃"很难的原因。我们很难面对不知该怎么处理的矛盾，甚至有时更愿意有一个不讲道理的伴侣，以此证明"我实在没办法"，"逃"是很合理的选择。

我问丈夫："那你想跟你妻子沟通吗？你需要一个能跟你说话的妻子吗？"他说："我需要啊。"我说："如果是这样，你就得学着不要怕你的妻子，不要怕说错话，不要怕她生气。你要心平气和地告诉她，我有我的想法，如果你总是这么生气，我就会退缩回来。如果你想听我的想法，就要容忍有时候我跟你想的不一样。"

解决关系的难题，需要两个人承担起沟通的责任，而不是把责任甩给对方。无论内心有多害怕冲突、多厌恶对方的指责，都要试着跟对方好好说。这样才能停止追和逃的游戏，也许矛盾还在，却为关系双方营造了重新对话的空间。一旦双方能够重新对话，那新的解决问题的可能性就会被打开。

冷战

在亲密关系中，有时伴侣会陷入这样一种沟通状态：两个人都不再主动追求情感回应，而是选择被动逃避。这时候关系双方就进入了第三种不良的沟通方式：冷战。

冷战的本质

冷战的形式有很多种，但本质都是双方不再产生情感的联结。冷战的双方不再有拥抱、亲吻和性，也会避免目光接触，甚至连架也不吵。有时彼此都装作什么都没有发生，甚至故意客套一下："你吃了吗？""吃了。""今天过得怎么样？""还行。"这些客套话也在刻意营造心理上的距离感，正是这种距离感让伴侣更难受。

为什么中断情感联结，刻意营造距离感，会变成伴侣表达愤怒和敌意的工具？因为在亲密关系中，彼此的需要有时会变成一种控制对方的手段或者较劲的工具。在冷战时，一方想通过中断情感接触来告诉另一方："不要惹我，否则我会通过跟你断开情感联结来让你痛苦。"或者"你没那么重要，我没那么需要你。"

冷战的时间可长可短。一般来说，短时间的冷战虽然让人不舒服，但它更像是生活的调味剂。在基调上，彼此仍然相互信任；在行事上，双方也有一套不让冲突扩散的机制。比如一个丈夫平时会跟朋友一起出去玩到很晚，但有一天他说："今天我要早点回去，我正跟老婆闹不愉快。"虽然他回家可能还是不跟妻子说话，但按时出现在家里，表示自己绝无二心，是他在这个"动荡"时刻向妻子传递的重要信息。

同吵架的时候一样，很多恩爱的夫妻在冷战时，也会时不时伸出一些只有他们彼此能够看懂的"橄榄枝"。当这个橄榄枝出现时，对方往往会默契地心领神会。比如，为爱人盛一碗饭，在某个时候对她笑一下。好的夫妻不是不会冷战，而是有很多"橄榄枝"让关系恢复正常。

在小的冷战中，双方都抱着和好的期待，即使抱怨，也是怨对方为什么这么固执，还不伸出橄榄枝。可是如果冲突长时间持续，冷战就会变成另一副模样。

回避式交往

前文讲追逃模式时提到，当伴侣中的一个人得不到情感回应时，会紧追对方要求回应，而对方会为了回避冲突而逃。紧追的一方倘若一直得不到情感回应，就会产生很大的挫折感。为了逃避这种挫折感，慢慢地，他也不再追问。这时，两个人就进入了深层次的冷战：**回避式交往**。

在回避式交往中，夫妻双方都不再对对方抱有期待，想方设法让对方变得不重要。回避的目的从警告和惩罚对方，变成让自己内心安宁的自我要求。慢慢地，回避的一方觉得这样十分自在，而另一方通常也会默契地配合。表面上不吵了，实际上谁的内心都不宁静，两个人开始疏远并逐渐变得冷漠。

这种冷漠是很难忍受的。我遇到过另一对夫妻，有时候丈夫早下班，看到妻子在，就冷冷地打个招呼，有时连招呼都不打就回到各自的房间。最开始，丈夫如果不回家吃饭，会发个简单的短信，比如"我不回家吃饭了""我在加班"，妻子也会客套地说"好"。慢慢地，丈夫连发短信也省了。有时候妻子和丈夫还会一起参加家庭或朋友的聚会。在聚会上，他们也说话，可是回家面对彼此时，他们又陷入巨大而沉重的沉默中。

后来他们离婚了。说起这一段时，妻子说："我发现那时自己真的没法接近他，不是讨厌，也不是恨，但是如果他在家，我整个人都会很紧张。我努力让自己平静，忽略这个人的存在。"

丈夫也说："那段时间，我能在公司加班就在公司加班，尽量拖延回家时间。一想到家，我并没有觉得温暖，只是觉得烦。"

为什么会这样？在亲密关系中，每个人都像一个接收情感信号的雷达，会敏锐地接收来自对方的善意，并尝试情感联结。可是，如果双方的沟通一直充满矛盾，人们就会把彼此当作唯恐避之不及的压力来源。这种对焦虑的回避会压倒对联结的渴望。

如何走出冷战模式

怎样才能从冷战模式中走出来？

如果是一般的冷战，可以通过前文提过的"橄榄枝"来缓和关系，比如给妻子一个拥抱，给丈夫做一顿饭，等等。但是，假如冷战模式已经持续了很长时间，变成彼此习惯化的行为，就不太容易处理。所以，最好在问题产生的时候，关系双方就积极进行解决。预防的效果远好于治疗，感情如果真的冷了，很难再热起来。当认定对方不能满足我们的需要时，我们就会倾向于依靠自己。慢慢地，我们也分不清，是自己在回避沟通，还是真的不那么需要对方了。

万一夫妻之间已经形成了回避的关系模式，该怎么办呢？

我的建议是，找个不受打扰的空间，彼此说出内心的委屈。哪怕吵起来，也比一直闷在心里痛快。

在咨询中，为了不让双方争吵过于激烈，我会适当提醒。比如，当一方诉说他的委屈时，我会跟另一方说："看起来你的爱人有很多委屈。你能允许他说吗？你想知道吗？"如果对方说"想知道"，我就会继续说："如果他说的让你不高兴了，你能先忍着不反击吗？"我也会提醒诉说委屈的一方："我知道你心里有很多委屈，可是你能只说你的感受，而不把它变成控诉对方的批斗会吗？"

如果你也和伴侣陷入了回避式关系，可以试试找个空间，诉说彼此的委屈。如果你担心说着说着就吵起来，可以约定让对方先说半小时，自己只是倾听，然后再反过来。

我知道这很难，因为你不知道对方会有什么反应，可能你甚至会想，算了，干脆别说了，反正对方也不会理解的。但如果你真心希望与爱人重归于好，就必须做这样的尝试。

如果真的这么做了，相信你一定会有新的发现。比如，也许原来对方心里也有很多委屈，自己在不经意间也伤害了对方；或者在你难过的时候，对方也承受着同样的折磨。

爱的练习

🤍 筹划一个你和伴侣两人共同参与的活动。

请你和伴侣共同参加一个不需要使用太多语言，而是两个人配合完成的活动，比如羽毛球双打、合奏音乐或双人舞蹈等，体会两人在其中的关系模式变化。

🤍 你和伴侣在吵架的过程中是否设有修复关系的"橄榄枝"？

如果有，这个"橄榄枝"是：

如果没有，请你和伴侣商量设置一个让吵架停止的"橄榄枝"：

约定当一方递上橄榄枝时，另一方一定要看见和回应。

如何形成积极的关系模式

消极的关系模式会消磨彼此的感情，而积极的关系模式会增强彼此的情感联结。那么，如何才能形成积极的关系模式呢？

增强情感联结的三个方法

在与伴侣的相处过程中，我们经常因为感觉不到跟对方的联结而陷入无休止的争吵或冷战。怎样才能增强彼此的情感联结？你可以尝试下面三个方法。

直接告诉对方自己的需要

我们在前面的"有效吵架"中提到过，要避免争吵，就要直接告诉对方自己的需要。在这里，我们也要强调这一点。

跟对方直接表达自己的需要其实很不容易，因为你需要承认自己依赖他，同时承担被拒绝的风险。

在亲密关系中，有的人很少直接提出需求，而是习惯性地躲在抱怨背后，指责对方不懂自己的心思，没有满足自己的需要，导致双方都不开心。直接表达出来，反而更容易让人接受。

有个朋友跟我说："以前过节或过生日时，我很想让老公送礼物，但我就是不说，等老公自己觉悟。但他每次什么表示都没有，搞得我很生气。慢慢地我学聪明了，比如过生日之前，我会跟他说：我快过生日了，还缺块手表，你是不是要表示表示？老公就会笑笑，提前给我买好礼物。有时候不仅买我要求的，还会买点别的，我就更高兴了。"我问她："别人都觉得老公主动送礼物才浪漫，你是要求了才买，不会觉得少了点意义吗？"她说："不会的。我提出要求，他答应、记得并且真的做了，就是在意我的表现。"

在亲密关系中，"礼物"之类的物品需要比较容易表达，但与依恋相关的情感需要很难表达出来，因为它太重要，人们太害怕被拒绝，以至于要提前摆出防备的姿态，选择用抱怨包装自己的需要。

所以，当你在抱怨伴侣时，要多想想抱怨背后的需要到底是什么，能不能直接向他表达自己的需要。听到伴侣在抱怨时，你也不要直接回应他的抱怨，而是了解他的抱怨背后隐藏的需要，并试着直接回应他的需要。

分享自己的脆弱

"分享自己的脆弱",看起来很简单,做起来其实并不容易。这意味着你承认自己需要对方、依赖对方、对方很重要,同时给了对方伤害你的权力。倘若你在关系中缺乏安全感,分享自己的脆弱无异于一场冒险。这意味着某种程度的失控,因为你不知道对方会如何反应,这种失控又反过来强化了你对关系的怕。所以有时候,你宁愿违背自己的心意,也不肯承认自己其实很需要他。

可是,承认自己需要对方,把自己的脆弱展露给对方,是彼此产生联结的开始。

很多人认为,脆弱是没用的东西,是弱小的表现。可是在亲密关系中,能够袒露脆弱的人反而是最勇敢的,因为他们能够勇敢面对"对方如何回应和接纳我"的不确定。

不仅如此,在亲密关系中,脆弱是联结的信号,它代表了信任和接纳。有位女性在讲述自己对另一半的幻想时说:"我希望他在外面英勇杀敌,像个盖世英雄,回到家能跟我讲讲他的害怕,到我这里疗伤。"其实这是大多数人对家的幻想。在外人面前,你需要表现得坚强,但在家里,你可以表现得真实,把自己的脆弱完全展露出来。

怎样向对方分享自己的脆弱?你可以这么说:"我很孤独""我很想你""当你……的时候,我很怕你离开""那天发生……的时候,我觉得你不再爱我了""我在你面前自卑极了",等等。

每个人表达脆弱的方式都不一样。但是,当你能够把脆弱说出来,就意味着你已经准备好跟对方产生联结了。可以说,两个人有多亲密,取决于在多大程度上他们能够分享彼此的脆弱。

看到对方的脆弱，并接纳这种脆弱

我经常开玩笑说，任何强硬的外表背后都有一颗很怂的心。有时候，一个人越是表现得强硬，他背后越有需要防御的焦虑。如果你能看到对方的"怕"，也许你会更接纳他的脆弱，而他也更愿意放心地靠近你。

我有一个朋友，他的妈妈总是对他的爸爸唠唠叨叨，可是爸爸几乎不还嘴，也不生气，有时候实在被唠叨烦了，也就嘟囔几句了事。有一天他问爸爸："妈妈每天这么说你，你怎么受得了？"爸爸却说："别看你妈妈这人表面强势，其实特别胆小。她一紧张就唠叨。所以每次我都让着她。"能看到妈妈强势和唠叨背后的脆弱，就是爸爸的高明之处，也是这对夫妻一直很恩爱的秘诀。

在咨询中，我也经常鼓励来访的夫妻分享他们在关系中的脆弱时刻。有一对夫妻，妻子总是抱怨丈夫不理解自己，平时跟丈夫说什么，丈夫都没有回应。丈夫听完妻子的抱怨后说："我不是不想理我妻子。每次妻子说我时，我都很慌乱，不知道该怎么回应，只好默不作声。其实妻子的每句话我都记得。"他历数妻子给他造成困扰的话，说："有时候妻子说完了，我整晚都睡不着，反复想她的话。"

我问妻子："你知道你老公这么苦恼吗？"妻子的声音一下子软下来了，说："我从来不知道，我还以为他一点都不在意我呢。"

后来妻子告诉我，因为这次咨询，自己对老公有了更多理解，也看到并接纳了丈夫的脆弱，发脾气的次数也大大减少了。

做一场深度沟通

无论表达需要、分享脆弱还是接纳对方的脆弱，本质都是做一场不同于日常的深度沟通，把藏在心底的话、那些对关系的"怕"讲出来。每个人都有自己脆弱的一面，我们一方面会藏起它，另一方面又希望对方看见它，接纳它。当这些藏在心底的柔软角落能够被袒露出来时，夫妻之间就能进行深度的沟通，而他们的情感联结也会变得更紧密。

我的咨询室曾来过一对夫妻，他们养育了两个孩子，妻子有一份稳定的工作，丈夫在一个小的创业公司工作。因为行业波动，丈夫的公司发展不景气，但他工作又特别忙，没时间照看孩子，家里的经济压力和生活压力都压到了妻子身上。

妻子对丈夫说："我成天这么忙，从公司回来就照顾孩子，你没有一点关心。你的公司老板一点也不靠谱，让你换一个工作你也不肯！"丈夫说："难道只有你一个人忙吗？我不忙吗？"

妻子听了当然很生气。见妻子生气了，丈夫赶紧补充说："你说我没有一点关心，我不是一直在说你辛苦了吗？上次我还特地让你出去玩一下，娃交给我，可是你自己不愿意去。"

丈夫以为自己已经表达了好意，没想到妻子却更生气了，两个人无法继续沟通下去。

妻子真正想表达的是"我希望你能够看到我的辛苦，多体贴我"，可她表达需要的方式是指责。丈夫显然没有回应妻子的需要，他看到的是妻子不停地指责他，所以他回应的是妻子的指责。当丈夫回应："难道只有你一个人忙吗？我不忙吗？"他说的是："你对我的指责没有道理，你不应该指责我。"

被包装成指责的需要和回应指责的自我辩护，就是这对夫妻的沟通模式。这样的沟通模式，把沟通变成了辩论会。在这场辩论会里，那些最初的需要反而被忽视。

我引导他们看到彼此的沟通卡在哪里，并让他们换一种方式沟通。慢慢地，妻子情绪缓和，开始吐露心声。她说："我不是指责你，就是觉得我们真的好久没有好好说说话了，我希望能像以前一样跟你亲近，可是你工作这么忙，完全没有亲近的感觉。没有你，我一个人带孩子，就好像在孤军奋战。"

当妻子说出自己内心的需要后，丈夫也不再为自己辩护，而是直接回应妻子的需要："这段时间你确实很不容易，自从有了孩子，我们很久没有放松了。我的工作也不顺利，这段时间压力很大，让你受苦了。"

到这一步，夫妻开始换一种更加接近彼此的方式沟通。妻子开始讲为什么她这么在意丈夫是不是体贴自己："我看你每天这么忙，就会觉得自己孤立无援，很怕有一天我们会因为生活中的困难而分开。所以我需要你安慰我，这样我就会觉得你还在，就会很安心。如果你不安慰我，我就觉得好像你不在了，担心我们的关系因此变远。"

原来，这才是妻子真正的担心。当一个家庭面临经济压力，而压力又来自丈夫的事业不顺利时，妻子一方面会责怪对方为什么不能多帮家里承担一些压力和责任，另一方面也会怪自己为什么会有这样的想法。这时，她会更需要对方的安慰，把她从这种矛盾的心态中解救出来。可是这些话又不能直接说，担心说出来会影响感情，于是就以指责的方式表达出来，比如"为什么你不能多承担一些家务"。

当妻子终于说出真正的担心时，丈夫的回应是："其实我也有这种害怕，当你说我不会表达关心时，我就怕你说我是一个很无能的丈夫，因此离开我。所以我拼命地为自己辩护，减轻这种压力。"

最后，夫妻双方明白了彼此的指责和辩护背后隐藏着的其实是对关系的担心。当我们能够直面彼此，分享彼此的担心和脆弱，直接告诉对方自己的需要时，心结才有机会解开，两个人的心才会靠得更近。

爱的练习

- 找一个安静的地方，与伴侣做一场深度沟通。在沟通时，注意避免指责和抱怨，直接陈述自己的需要。当伴侣在指责和抱怨时，不要为自我辩护，而是思考和回应他的指责背后的需要。

  沟通主题：

  伴侣的指责和抱怨是：

  背后的需要是：

- 沟通结束后，做一个增进彼此亲密的举动，如两个人额头相碰，持续30秒；或十指相扣，对视30秒。体会这个过程中的情感变化。

Chapter 3

♥

如何打造
与爱人的空间

亲密关系把两个"我"变成了一对紧密相连的"我们"。"我们"意味着两个人需要共享空间,这个空间既包括物理上的,也包括关系上的。

就像你和伴侣搬到一个房间住,这个房间就是你们物理的空间;他的一举一动在不停地影响你,你的一举一动也在不停地影响他,你们共同构成了彼此关系的空间。

有时候,你会很高兴房间里有一个熟悉的人与你互相陪伴;还有些时候,你也会希望房间里只有你自己,你可以不用顾忌别人,完全自己做主。

这就需要你和伴侣在相处的过程中学会相互磨合,逐渐打造属于你们的共享的关系空间。

01

关系的空间

　　所谓关系的空间，是指在亲密关系中，双方感受到的自由度和束缚感。你所感受到的自由度越大，关系的空间就越大。关系的空间里的自由度，不只是一个人的自主性，也与两个人的配合有关。如果你觉得对方的言行举止都在支持你，符合你的心意，他就不会构成对空间的限制，反而会变成你的延伸。反之，如果他的想法处处不如你意，而你们又不知道如何处理，他的存在就会变成你的顾忌，两个人的空间因此变小。比如一对已经结婚多年的夫妻，常常已经形成了适合两人的相处之道。一对刚结婚不久的夫妻，则往往会存在磨合的问题，并感受到关系对彼此的束缚。

　　需要说明的是，关系的空间并非越大越好，如果太大，彼此就会缺少情感的联结，互不关心、各过各的，也就没有动力去面对和解决亲密关系中的矛盾。而如果关系的空间太小，夫妻双方就会感到不自由，产生束缚感，彼此掣肘。

关系的空间过小对亲密关系的限制

我们通过几个案例，来了解一下如果关系的空间过小，会给亲密关系带来怎样的束缚。

无法平衡"我们"的需要和"我"的需要

我见过一对夫妻，他们的故事是夫妻彼此掣肘最好的诠释。引发这对夫妻争吵的缘由，竟然是丈夫要不要让妻子枕着自己的手臂睡觉。

丈夫说："你枕着我手臂睡觉，时间长了我觉得不舒服，想把手臂抽回来，可是我动一动你就要生气。"

妻子说："别以为我枕着你的手臂舒服，以前你让我枕，我其实也很不舒服，但我觉得你一片好心，就忍着了。可是现在我都习惯了，你又要把手臂抽回去，我觉得你不像以前那么爱我了。"

丈夫说："我哪里不爱你了？我只是觉得这样很累。"

妻子说："你以前可以，现在为什么不可以？以前能忍，现在不能忍，那就是不爱我了。"

于是，这对夫妻就用这种让彼此都不舒服的姿势睡觉，过了很多年。

要不要枕着胳膊睡觉，看似是一件小事，却成为导致夫妻争吵的大问题，这是为什么？因为这背后有夫妻双方对彼此的需要，这种需要又变成对彼此的限制。这种需要的矛盾背后，是他们对彼此的期待：

"你到底爱不爱我？"当他们对这个问题产生疑问时，所有问题都会变成这个问题的投射，所有线索都变成需要证明的疑问，两个人也因此被困在这个不舒服的睡觉姿势中，无法动弹。

当然，大部分夫妻的相处并不会这么极端，但是，几乎所有夫妻都会面临一些现实的决策难题：钱谁来管？家务谁来做？家里的大额消费谁做主？怎么度过闲暇时间？去哪里度假？在谁家过年？买房时要不要父母赞助？谁来管孩子学习？谁应该去发展事业，谁应该更顾家？……这些具体的问题都在考验着作为夫妻的"我们"的需要和作为个人的"我"的需要之间的平衡。如果夫妻没有掌握这种平衡和协调的技巧，如果"我"的需要一直没有被照顾到，那亲密关系就会变成一种束缚，关系的空间也就无从谈起。

为究竟谁做主而争吵

所谓关系的空间，就是我能做主的空间。一旦关系双方的意见相左又无法达成一致，就会出现空间的争夺。

有一对夫妻，在恋爱期间分开住的时候，相处得很好，等到两人结婚，生活在一起之后，矛盾出现了。

丈夫是一个设计师，对房间的审美有特别的偏好，所以不论妻子给家里买了什么装饰品，他都会评论一番，并希望妻子按他的喜好来买。妻子觉得丈夫太过挑剔，还是我行我素地给家里买一些自己喜欢的东西。两个人经常为此吵得不可开交。

丈夫说："明明我的审美比你好，你为什么就不能听我的？"

妻子说："家又不是一个设计公司，我就不能有自己的想法吗？如果我什么都不能买、什么都不能摆，那这是你家，不是我家。"

表面上看，这对夫妻争吵的是家里应该怎么布置，实际上他们在吵的是家里的布置应该听谁的，房间这个空间的布置由谁来做主。

空间是一个特别的隐喻。关系的空间和房间这样现实的空间类似，意味着你有多大的自由可以自己做主。

一个人的时候，谁做主不是问题，也不存在这个问题，你可以全然地为自己做主；但两个人的时候，它就变成一个横亘在夫妻之间的问题。当你强调"我"时，另一方就会变成关系的空间里的障碍物，夫妻就会形成相互掣肘的关系。

也许你会想，协调这样的空间还不简单，只要其中一个人忍让一下就好了。但现实并没有这么简单。一方面，如果只是一方忍让，久而久之，他就会觉得委屈。更何况，真实的情况往往是双方都觉得自己在忍让。另一方面，就算你知道对方在忍让，你可能也并不高兴。比如有些夫妻在起争执时，其中一方会说："好了好了，那就随你好了。"看起来是他在忍让、妥协，但另一方可能并不会因此开心，还会责怪他为什么不能心甘情愿地接受。在这样的矛盾中，关系的空间必然会被挤压。

无法自由表达的情感

不能自由表达的情感也会变成一种束缚，这种束缚更多地出现在那些回避矛盾的夫妻中间。他们知道表达情感后可能会引发的冲突，又害怕这种冲突，这些情感没有去处，只能被压抑在心里，久而久之，就会变成关系的问题。

我曾经见过一个名叫小陈的年轻人，他和妻子两个人都大学毕业不久。小陈在大城市找到了一份理想的工作，于是妻子放弃了原有的工作，跟着他来到这个大城市。可是妻子找工作并不顺利，心情低落，希望先生多陪陪自己。慢慢地，两个人的心态发生了一些微妙的变化：小陈觉得，妻子一定认为她放弃了原来的工作，跟着他来这个城市是一种付出，担心她心理会不平衡；而妻子也觉得丈夫工作这么辛苦，一个人要养两个人，担心他心理不平衡。

可是，他们都担心说出来会引发对方的委屈和抱怨，所以这些心里的担心从来没有被认真讨论过。

小陈工作很忙，经常加班，有时候还会把工作带回家。平时妻子跟小陈说要不要去看电影或者去哪里玩时，他总是说："等忙完这一段。""你别来打扰我。"渐渐地，妻子心里也有了疙瘩。

有一次，妻子给小陈打电话说："你什么时候回来啊？我买了很多菜，给你做好饭了。"

小陈说："哎呀，你自己吃吧，我今天要加班，实在走不开。"

妻子说："我今天感冒了，身体实在有些不舒服，你早点回来吧。"

小陈说："你自己去买点感冒药吧。"

妻子有些生气，说："我都发烧了你还不关心我。那随你吧。"

小陈挂了电话，担心妻子不高兴，也觉得自己不够体贴，就跟领导请了假。领导勉强同意，但说了句："现在正是我们项目最忙的时候，你怎么事情这么多？"

　　小陈有些生气。回家以后，妻子看到小陈回来了，很高兴。小陈却问："你不是发烧了吗，怎么还生龙活虎的？"妻子说："早上有点发烧，现在已经好了。"小陈就更生气了，说："你知道这样有多打扰我吗？！我刚到公司不久，人家老员工都在加班，我每次都这么早回来，别人会怎么看我？！"

　　妻子脸上的笑容逐渐凝固了，眼泪慢慢流下来。过了一会儿，她道歉道："对不起，我不知道会打扰到你，以后我不会了。"小陈看到妻子哭了，也觉得自己说得过了，开始内疚，连连说："是我不对，是我不对。"

　　从那天开始，他俩都不敢再随意对彼此说想说的话了。

　　这段关系给了他们很多束缚。表面上看，是妻子需要更多的陪伴，小陈希望把更多的时间和精力花在工作上，这是他们在想法和需要上的冲突，其实更大的束缚是他们很难向彼此表达自己的情绪和感受。

　　对于妻子来说，她是委屈的，生病了，想让丈夫回家陪她，这本身并没有什么错，可丈夫却劈头盖脸地说了她一顿。也许是担心失去丈夫，也许是害怕冲突，她没法诉说自己的委屈，反而选择了道歉。而对小陈来说，他也有他的委屈，可是因为妻子的伤心和道歉，他也没法表达自己的情绪。

　　这就是关系的微妙之处。委屈中夹杂着对分手的恐惧，生气中夹杂着对妻子的内疚，让两个人都无法动弹，小心翼翼相处，把各种感觉都闷在心里。

　　如果一直这样被束缚，这段关系会怎么发展呢？

也许，以后就算妻子想让丈夫早点回家也不敢说了，可是她心里还是会有怨气，觉得丈夫不重视自己。而小陈为了不让妻子生气，也会选择尽量早早回家，可是这也会让他心里有很多怨气，觉得妻子妨碍了他的工作。

如果两个人吵架了，妻子可能会说："我都不再叫你早点回家了，你还想怎样？"而小陈可能会说："我现在都尽量早早回家了，你还想怎样？"

关系的结就是这样，一个人心里有很多委屈、愤怒、怨恨，又怕表达出来让对方受伤害，自己也会承受冲突的张力，只好说："是我的错。"可是，这些无法表达的委屈不会自动消失，反而真实地限制着两个人，关系的空间变得越来越狭小。

那么，如何打造有空间的关系呢？我们接下来分三节来介绍。

爱的练习

💜 **根据下列维度，评估一下你与伴侣关系的空间。**

（1）当我做出选择时，伴侣通常都会尊重我的选择。

1	2	3	4	5	6	7	8	9	10

完全不符合　　　　　　　　　　　　完全符合

（2）我经常会担心自己是否又做错了什么让伴侣生气。

1　2　3　4　5　6　7　8　9　10

完全不符合　　　　　　　　　　　　完全符合

（3）家里的很多事，我可以自己做主。

1　2　3　4　5　6　7　8　9　10

完全不符合　　　　　　　　　　　　完全符合

（4）为了避免冲突，我很少直接说出我的委屈和需要。

1　2　3　4　5　6　7　8　9　10

完全不符合　　　　　　　　　　　　完全符合

（5）我们经常因为彼此的差异争吵。

1　2　3　4　5　6　7　8　9　10

完全不符合　　　　　　　　　　　　完全符合

（6）很多时候，我都觉得还是一个人生活更好。

1　2　3　4　5　6　7　8　9　10

完全不符合　　　　　　　　　　　　完全符合

（7）我们有各自的朋友和爱好。

1　2　3　4　5　6　7　8　9　10

完全不符合　　　　　　　　　　　　完全符合

（8）伴侣不满的表情让我紧张。

1　2　3　4　5　6　7　8　9　10

完全不符合　　　　　　　　　　　　完全符合

（9）我和伴侣之间有很深的信任。

1　2　3　4　5　6　7　8　9　10

完全不符合　　　　　　　　　　　　完全符合

（10）我们知道在什么时候退让。

1　2　3　4　5　6　7　8　9　10

完全不符合　　　　　　　　　　　　完全符合

满分100分，其中（2）（4）（5）（6）（8）为反向计分，即如果你选的是1，你的得分为10-1，也就是9。分数越高，代表你们在关系中的空间越大。

♥ 你的伴侣得分是否与你相同？跟他讨论你们的得分，以及如何改善关系的空间。

你的得分：

你伴侣的得分：

改善关系的空间的方式：

02

处理差异，
接受"你跟我想的不一样"

身处亲密关系中的人，都渴望拥有一个属于"我们"的关系空间，在这个空间里，彼此的思想和情绪能够被完全接纳。就算有差异，两个人也能很快达成一致。

怎样才能打造关系的空间？你可以从亲密关系最重要的三个方面入手——**处理差异、接纳彼此，以及尊重边界。**本节先讲第一个方面：处理差异。

正确认识差异

打造"我们"的空间，需要做的第一件事就是处理两个"我"之间的差异。事实上，亲密关系中几乎所有矛盾，都源于双方的差异。想要处理差异，第一件事就是正确地认识差异。

差异曾是彼此的吸引点

曾有一个朋友问我："我和妻子结婚不久，双方都暴露了很多问题。比如一个喜欢社交，一个性格孤僻；一个大大咧咧，一个谨慎小心；在一起相处，一方觉得拘束、不自由，一方觉得操心、麻烦。感情逐渐在争执和不满中消磨掉了，怎么办？"

他觉得他和妻子的感情问题是两人性格上的差异造成的。这是一个流传甚广的观点。在谈起彼此的矛盾时，很多伴侣都会说：我们爱好不同、性格不同、三观不合、成长的原生家庭不一样……因为有这么多不同，所以我们没法好好相处。

真的是这样吗？

其实并不是。差异并不是伴侣关系出现问题的原因，很多时候，差异恰恰是伴侣在一起的理由。

不知道你有没有发现，在刚开始恋爱时，伴侣和你的差异，往往是他吸引你的地方。在谈起为什么最初会被对方吸引时，很多人会说：

"我很自卑，但他看上去很自信。"

"我很内向，他却很外向。"

"我比较冷静，她却很热情。"

……

有些人渴望通过亲密关系，把伴侣有而我没有的部分，吸收扩展为自己的一部分。这时，我们是带着理想化来看待这些差异的。这些差异寄托了我们克服缺陷、超越自我的希望。

可是慢慢地，随着摩擦的增多，这些曾经吸引人的优点却变成让

人讨厌的缺点。**自信会变成虚荣，外向会变成鲁莽，谨慎会变成胆小，冷静会变成冷漠和不解风情……我们哀叹自己看错了人。**

为什么会这样？对差异态度的变化，反映的是人们对改变的矛盾心态：既向往改变，又不愿改变。适应伴侣与自己的差异，意味着自己必须做一些改变，这是很多人不愿意接受的。**对差异的排斥背后，是人不愿意改变的固执己见。**

差异是互补的结果

亲密关系要运转，就需要关系双方扮演不同的角色。相处时间越久的伴侣，这种互补的特征就越明显。所以，伴侣之间的差异，不仅不是问题，有时反而是双方相互配合的结果。

我曾遇到过一对夫妻，妻子埋怨丈夫说："他特别谨小慎微，对什么事都过度担心。我喜欢尝试新鲜事物，喜欢带全家人去没去过的地方旅游。可是他总想着会发生这样那样的危险，每次出去玩都要带一堆药，偶尔还给我泼冷水。跟他生活在一起我真的很累，有时候觉得很沉闷，死气沉沉。"

然而，丈夫也埋怨妻子说："我老婆特别粗心，什么都不管，什么都无所谓。有一次孩子发烧了，我去跟她说，她反而嫌我打扰她睡觉，说这点烧有什么关系。"

这对夫妻觉得彼此的差异是他们之间问题的根源。但在我看来，他们的差异恰恰来自两个人在家里的合理分工。因为妻子容易粗心，丈夫才变得谨小慎微，负责家里的风险控制；反过来，正因为家里有丈夫的细致考虑，妻子才可以尝试更多新鲜的东西，大胆探索，为家里带来新的活力。两个人的差异正是他们为了维护家庭运转，相互配合的结果。

随着家庭的运行，几乎所有夫妻最终都会形成关系的互补，这种互补要求夫妻各自扮演不同的角色。这种角色与夫妻各自原本的个性融合在一起，逐渐变成夫妻之间的差异。**夫妻埋怨对方为什么与自己不同，就像公司里市场部的员工埋怨风险控制部门的员工为什么跟自己不一样。**

是差异，还是不支持

在咨询中，我经常遇到为彼此的差异吵得不可开交的夫妻。为什么他们完全不肯妥协呢？原因有两个。

第一个原因是，亲密关系双方把差异看作对自我的威胁。

他们担心如果自己在这件事上听了对方的，以后就都得听对方的。这种被支配、被改变的恐惧感牢牢抓住了他们，导致他们像战士坚守阵地一样坚守自己的观点，容不得半点改变。

这跟自我的成熟也有关系。越是成熟的自我，其实越不会害怕改变，也越容易接纳别人的观点；而越不成熟的自我，越会担心被别人支配，所以会用更大的声音说不，保护自己的边界。

第二个原因是，亲密关系双方把差异视为不支持。

很多夫妻都认为，只有对方跟我一致，才是真的关心和爱我。我见过一对夫妻，丈夫想脱产去学心理咨询，妻子担心家里的经济负担会落到自己一个人身上，就对丈夫说："你要想好，万一学完回来找不到工作怎么办？"

丈夫很生气地说："我要去追求梦想，你怎么就不能支持我呢？"

妻子说："我只是担心而已。如果你实在想去，我也是支持的。"

丈夫说："我不想你这么勉强。你一勉强我就生气。"

其实，丈夫真正生气的地方是，为什么在这件事上妻子跟他不一致。虽然妻子说如果丈夫实在想去，她也会支持的，但丈夫觉得这样还不够，他把不支持和差异等同起来了。

无独有偶，在另一个咨询中，丈夫想要脱产读硕士，但妻子觉得这段时间家庭经济压力很大，表示不同意。丈夫最终接受了妻子的决定，放弃读书的计划。可是，这好像成为两个人的心结。在咨询室里，妻子一直抱怨丈夫对自己冷脸。

丈夫说："我理解你的难处，也接受了你的决定，可是我就不能难受一下吗？"

妻子说："我希望你是心甘情愿地为我们家着想。你难受，就是不心甘情愿。"

同样，这个妻子生气的原因也是丈夫跟自己不一致，她想要的心甘情愿就是丈夫跟她想的完全一样。

要更好地处理差异，需要我们把"有差异"和"是否支持"分开。**学会欣赏那些虽然跟我们想法不同，但仍选择支持我们的伴侣，并把这种支持视为一种弥足珍贵的关系。**

如何处理差异

夫妻之间必然会存在差异。差异不是问题，如何有效地处理差异，才是真正的问题。有时候，正因为不知道该怎么处理，差异才会变成矛盾的根源。那么，成熟的伴侣应该如何处理彼此之间的差异？有两个处理原则。

理解和接受差异，并寻找差异背后的一致性

举个例子。有一对夫妻，丈夫是北方人，喜欢吃面食，妻子是南方人，喜欢吃米饭，两人要如何协调，建立家庭的饮食规则呢？有这么几种可能。

第一种是一方迁就另一方，这样家庭的口味就统一了。这种协调一致是通过某一方的改变来达成的。这种改变如果是心甘情愿的，就会变成夫妻恩爱的素材；如果有勉强和委屈，就很容易变成夫妻之间的抱怨和矛盾。

第二种是谁也不迁就谁，每顿饭都做两样主食，各吃各的，平时下馆子也各去各的。这样，两个人会因为差异而慢慢疏远。

第三种是两个人发展出一种创造性的协调方式，比如中午吃米饭，晚上吃面食，或者平时吃米饭，周末吃面食。如果下馆子，不管米饭还是面食，哪家好吃吃哪家。第三种方式是恩爱的夫妻经常会用的办法，既保持了自己的需要，也满足了对方的需要。

几乎所有恩爱的夫妻，都有办法发展出这种创造性的协调方式来处理彼此的差异。

比如，一对夫妻在争论该不该给孩子报奥数培训班。

妻子说："你看别人家的孩子都在报奥数培训班，如果我们儿子不学奥数，不就落后了吗？"

丈夫说："小小孩子就让他这么焦虑，长大了心理素质一定不会好，更不会有长久的学习动力，这叫涸泽而渔。"

他们各有各的理由，谁也不能说服谁，最后越说越生气，差异就变成了夫妻的矛盾。

擅长处理差异的夫妻会怎么做呢？首先他们也会自由地表达各自的意见。在表达完意见后，妻子会说："他们不是有免费的体验班吗？那就先报个体验班，看孩子自己喜不喜欢再决定，怎么样？"

丈夫也可能会说："先别报班了，买些书给孩子看，看孩子愿不愿意学，怎么样？"

他们既不会完全放弃自己的观点，也不会固执地坚持，而是找出一个两人都能接受的办法来推进这件事。

比如，关于谁来管钱的问题，有一对夫妻想了一个办法，他们各自拿出一笔钱，开展了一个为期一年的理财比赛，谁的收益率高，钱就归谁管；关于谁来洗碗的问题，有一对夫妻选择用游戏的输赢来决定。

这种处理方式的逻辑是：我们可以在保留差异的同时，找到某种共识。想法上有矛盾并不是多么可怕的事，夫妻各自坚持的只是某种看法，而不是不容置疑的事实。只要有这种共识，关系双方就更能容忍彼此的矛盾和差异。

用商量的方式对话

对自己观点的坚持背后，常常有被对方改变的恐惧。所以人们会像坚守阵地一般坚持自己的立场，生怕有一点妥协就会失去自我。而善于处理差异的夫妻没有这种包袱，他们愿意倾听对方的意见，也愿意接受对方的影响。他们的对话方式不是辩论，而是商量。

商量和辩论的区别是什么？还是以孩子要不要报奥数培训班为例。

妻子说："你看别人家的孩子都在报奥数培训班，如果我们儿子不学奥数，不就落后了吗？"

丈夫说："小小孩子就让他这么焦虑，长大了心理素质一定不会好，更不会有长久的学习动力，这叫涸泽而渔。"

显而易见，这组对话并不是商量，而是解释和辩论，亮出彼此的观点，陈述彼此的理由。

解释、辩论、指责、通知等沟通方式和商量的区别在于，前一类沟通是封闭的，也就是在说理由之前，说话方已经打定主意不让对方影响自己；而商量是开放的，也就是允许对方说明他的理由，也允许对方影响自己。

如何把辩论变成商量？有一个特别简单的做法——在每句话后面加个后缀"好不好"。

比如，妻子可以跟丈夫说："你看别人家的孩子都在报奥数培训班，我们家孩子也去学一下奥数，好不好？"丈夫可以跟妻子说："孩子现在还小，我们等他长大一些再报，好不好？"

这时候，两个人都在征询彼此的意见，而没有把彼此当作对立面，这就是商量。通常，会商量的夫妻才能找到创造性地解决问题的办法，而不是把差异变成彼此矛盾的根源。

这听起来似乎很简单，但它背后隐藏着一个重要的理念：分歧并不是那么重要的事情。对孩子的教育理念不同，就像夫妻性别不同、头发长短不同一样，只是一种不同而已。**它不是冒犯，不是争夺生存空间的战争，更不是谁要消灭谁的证据**。

辩论就像战斗，怎么说都是"重"的；解决分歧则是要"轻"。"好不好"的询问，就是一种轻轻的商量，正因为如此，同意谁的意见，也就不那么重要了。

爱的练习

♥ 请你找个安静的地方，与伴侣共同讨论下面的问题。

（1）我和伴侣最像的地方是：

最不像的地方是：

我对他的欣赏是：

（2）我和伴侣最大的差异是：

这个差异背后的共同点是：

（3）如果用折中的办法创造性地解决这种差异，它可以是：

03

接纳彼此，
放弃"你应该怎样"的剧情

当伴侣之间存在差异又不知道怎么达成一致时，一个典型的做法是，努力把对方改造成自己期待的样子，从而消除这种差异。可是这么做，对方不仅不会改变，反而会因此缩小关系的空间。

这就涉及打造关系空间的第二个重要议题——接纳彼此。而接纳彼此的前提，就是放弃改变对方的执念。

放弃改变对方的执念

有这样一个段子，说有一本书叫 *How to Change Your Wife in 30 Days*（《如何在30天内改变你的妻子》），一上市就很畅销，一周之内卖出两百万本。后来作者发现书名拼写错了，原来应该是 *How to Change Your Life in 30 Days*（《如何在30天内改变你的生活》）。结果书名改过来后，一周只卖出3本。

我相信，不只是"如何改变你的妻子"这个话题会畅销，如果有一本书叫《如何改变你的丈夫》，也会同样畅销。虽然这是个段子，但在亲密关系中，确实有很多人热衷于改变自己的伴侣，只是很少有人真的成功。

为什么人们会一再重复这个明明无效的游戏？

因为每个人头脑中都有一套关于爱情和伴侣"应该如何"的假设。这一套"应该如何"的假设背后，有一个人自己的经验、需要、期待和欲望。当伴侣跟自己的设想不符时，他就会感到焦虑和失落。这时候，他不会去质疑头脑中的假设，反而想要改造伴侣，可是伴侣偏偏不听话，于是，双方的矛盾逐渐激化，关系最终走向破裂。

这些头脑中的假设是从哪里来的呢？

有一些来自以往重要的人际经验，比如，"我爸爸特别勤奋，我觉得男人就应该像我爸爸那样"，或者"她为什么不能像我妈妈那样温柔"。

有一些来自大众文化传播，比如言情小说或者影视剧。它们会淡化人性的复杂、人与人之间的摩擦和碰撞，只把存在于理念层面的最美好、最纯真的部分提取出来，让人误以为这就是亲密关系应该有的样子。

有一些来自内心未完成的愿望，比如，"我一直希望自己能够嫁个文艺点的老公，有自己的精神生活，可是我老公太理性了，所以我总是想让他变得更感性一点。"

还有一些是把对自己的不满投射到伴侣身上。比如一方觉得自己不够好，既然对方愿意和自己在一起，那对方肯定也不够好。如果对方能够变好，那我自己也会变得更好。

寻求改变对方的本质，是我们心中关于"爱情应该怎么样""伴侣应该怎么样"的执念。这个执念的问题，不在于它是对还是错，而在于它一直在向伴侣发出这样的信息：

你并不是我理想中的伴侣。

正是这种不认可，成为伴侣产生矛盾的源头。对于希望伴侣改变的人来说，伴侣是否改变，意味着他是否重视和回应自己的心理需要。但是对于被要求改变的人来说，他是否接受你让他改变的要求，意味着他是否承认你的不认可。

我曾遇到过一对夫妻。两人结婚时，妻子的条件很好，工作也不错，丈夫的条件稍微差点。结婚以后，妻子总是嫌丈夫不够上进，挣钱太少，担心如果自己工作有变动，丈夫根本撑不起这个家。于是她跟丈夫说："你应该更努力一点，有自己的职业规划，比如三年怎么样，五年怎么样……"

丈夫说："我有自己的节奏和计划，也在根据自己的节奏按部就班地走。"

妻子说："不行，你现在根本不努力。我每天都学习，读书，听各种课程，叫每次我要求你也跟着一起学，你就是不好好听。"

丈夫说："你不要总强迫我干这干那，我有自己的判断。有用的东西我自己会学，没用的东西我当然不想看了。"

从他们的对话能看出来，妻子理想的丈夫是一个热爱学习、努力上进的人，所以她暗暗在心里给丈夫制定了各种 KPI。妻子这种期待丈夫改变的愿望符合社会的价值观，有道义上的合理性，所以妻子会想：

"我提的要求明明这么合理，你为什么不接受？"可是丈夫不仅不好好完成妻子规定的KPI，有时候连这个KPI本身也不承认。这让妻子很抓狂。

这时候，我跟这位妻子开玩笑说："我看到这个房间里有三个人，你、你丈夫，还有你幻想出来的理想情人。你觉得丈夫不够上进，而你幻想里的情人比较上进，那么，你是想要选择理想情人，还是选择眼前这个丈夫？"

虽然是玩笑，却说出了现实的悲哀。很多时候，人们选择的不是眼前的伴侣，而是心里那个理想化的情人。

也许你会说，怎么会有人这么傻？理想化的情人只是幻想出来的，眼前的伴侣才是真的啊！事实上，虽然理想化的情人只存在于幻想里，可要放弃也是很难的。因为理想情人的背后，有一个人深层的渴望。而放弃理想情人，就好像承认自己心里的一个梦碎了，自己的渴望再也无法被满足，会产生巨大的失落感。可是，如果不放下幻想中的伴侣，你就很难真的去接近和了解眼前这个人。

后来，这对夫妻的关系慢慢改善，妻子告诉我："以前我好像是跟我心里那个理想的老公结婚了，现实中的老公只是一个'冒牌货'。现在我把理想标准放下，才真的看到了他，跟他交往，真正接受他。"而奇怪的是，当她真的接受了丈夫时，丈夫反而愿意跟她一起看书、听课程、讨论未来的规划了。

当我们要求对方改变时，我们在要求什么

当我们要求对方改变时，我们究竟在要求什么？有时候，我们想要改变的，不只是对方的行为，还有对方的想法、状态乃至这个人本身。这会进一步挤压关系的空间，导致夫妻关系的纠缠。

我认识一对夫妻，妻子是非常积极上进的人，也有成功的事业。相比之下，她的丈夫有些懒散。这成了他们之间的一个巨大矛盾。

她经常跟丈夫说："你一回家就躺在沙发上刷手机。现在社会变化这么快，新知识这么多，你不会看看书、多学习点东西吗？"最开始丈夫还会反驳："我上班这么累，只是休息一下怎么了？"两人经常因为这件事争吵。妻子说得多了，丈夫想息事宁人，就说："这样吧，下回你监督我，我看手机你就提醒我，你看到好的书就推荐给我看。"

丈夫心里想的是："好，既然你让我改，那我改不就完了吗？"可是妻子一扭头说："这是你的事，我希望你有这种自觉，而不是让我监督。你看我什么时候让你监督过？！"

妻子要求丈夫改变的，不仅是行为上的看书，也不仅是重视和回应她的要求，而是变成一个更加积极主动的人。

妻子说："虽然他说要改，但我看得出来他心里不高兴。我觉得重要的不是改变，而是怎么改变。我不希望他是为了我这么做，我希望他是真正认同，并且心甘情愿地想要上进。"

妻子的话透露出亲密关系双方对伴侣的普遍要求——一方面希望伴侣按自己的想法改变，另一方面又希望这种改变不是在自己的要求下

被迫发生的，而是出于伴侣自己的想法，是主动的、心甘情愿的。

其实，在亲密关系中，一个人在要求对方改变时，有三个层次的诉求。

第一个层次是行为的诉求，也是最简单、最表面的诉求，就是希望伴侣作出行为的改变。

比如多学点东西、多花点时间陪伴家人、多承担家务、对孩子更好一点，等等。

第二个层次是态度的诉求，也就是希望伴侣重视自己的愿望和需要。

所有让对方改变的要求背后都有自身的需要。一个妻子要求丈夫多读书，其实是想让丈夫重视自己的需要，哪怕丈夫不想改变，也不能忽略她的需要，或者认为她的要求是无理取闹。所以即使丈夫不能改变，也要回应妻子的需要。丈夫可以说："我同意你的想法，确实我们家的氛围应该更积极一些。只是我这一段时间太忙，没精力努力，抱歉抱歉。"

如果只是这两个层次的诉求，两个人的关系还是有一定空间的。只要一方放弃了要求，或者另一方顺应了要求，两个人就能化解矛盾，相安无事。可是，要求对方改变还有第三个层次的诉求，正是这个层次的诉求，让关系双方陷入左右为难的状态。

第三个层次是心理活动的诉求，也就是希望对方的改变是心甘情愿的，而不是在要求和逼迫下产生的。

为什么说这个层次的诉求会造成关系的纠结？因为它包含了自相矛盾的悖论——如果对方真的是心甘情愿的，那你就要放弃改变他的想法和要求；如果对方是按你的要求来做的，那就不是自发自主的。

"要求"这个动作和"自发自主"本来就是自相矛盾的。别小看这个矛盾，它会变成现实中的困难，成为亲密关系纠结的原因。

还是以前面的夫妻为例，其实无论丈夫看不看书，妻子都不会满意。如果丈夫不看书，那是不愿意改变，她当然不满意；如果丈夫想看书了，又是在她的要求下才改变的，她还是不满意。而丈夫也会很生气，两个人的关系因此变得纠结。

为什么亲密关系会陷入这样的纠结呢？

第一个原因是，双方对"改变也是一种付出"有观念上的分歧。

按道理来说，你希望对方改变，对方也做出了改变，你应该心怀感激。但很多时候，要求改变的人并不觉得对方做出改变是一种付出，而是理所当然、本该如此的事。相反，要求对方改变，反倒是自己在付出。对方显然不认同这种说法。这种相互不认同就会导致，即使一方有改变，也不会改善两个人的关系。

第二个原因是，如果对方是被要求改变的，那提出要求的一方就会承担"强迫""控制"的责任，就好像欠了对方一样，从而导致自己产生内疚和自责的情绪负担。

为了回避这种内疚和自责，人们就会既要求对方改变，又希望对方的改变是发自内心的。如果对方不是发自内心地改变，这种内疚和自责就会转化为带有攻击性的指责和抱怨，进一步激化矛盾。

第三个原因，也是最重要的原因，是爱的两面性。

爱的一面是控制，它会让人希望对方按自己的要求行事。对方越是重要，就越难忍受对方跟自己的期待不一样。这背后是人对安全感的需要。

爱的另一面是放手，谁心里都清楚，被要求来的爱不是真正的爱。只有自发自愿的爱才有意义，才是一个人真正想要的。这需要彼此都给对方自由。

爱的两面性成为人们对"改变"的两个要求，最终制造出奇怪的纠结——要求对方自发自愿地改变。这种纠结会让人莫名其妙地烦躁，多数人最终找到的出路就是埋怨对方：你为什么不是我心里想的那样？

怎么摆脱这种纠结呢？

既然这种纠结的根源是爱的两面——控制和放手，相应地，也有两个应对的办法：要么选择继续要求和控制，要么选择遵循对方的自发自愿。

如果选择要求和控制，那就应该只看对方的行为。无论对方眼神里流露出多少不情愿，只要他做到了，你就应该高兴。

从某种意义上说，要求的事情对方做到了，其实也是一种自发自愿的行为，只不过是对方自发自愿地服从。这种服从背后，是爱还是逃避矛盾的权宜之计，就不要再追究了。

可是，一旦选择要求和控制对方，那就需要小心，这种要求和服从有时候会变成一种固定的关系模式，提出要求的一方一直在扮演推动和主宰关系的人，另一个人永远不情愿地应付，这会让两个人都很累。

而如果选择遵循对方的自发自愿，那就需要面对一个事实：对方就是会有不一样的想法，不是你想怎么样，对方就能怎么样。你必须放弃控制和要求的想法，能做的只有爱对方，看看接下来会发生什么。

如果让我选，我一定会选择后者。因为自发自愿的爱是最重要的，为了爱的可能性，我们必须学着忍受"对方和我想的不同"的焦虑，放弃控制，去试着爱对方。

如何让改变发生

在亲密关系中，要想让改变发生，你首先要知道，需要改变的是关系，而不是对方。关系是两个人的事，改变关系既意味着你需要对方的配合，也意味着改变跟你有关。

从改变自己开始

关系的改变，不要从改变对方开始。因为你永远都无法强迫对方改变，除非他自己愿意。有时候，一味要求对方改变，只会让两个人陷入相互较劲的状态。

所以，我经常让前来咨询的伴侣从各自的角度想想，自己能做些什么来改变彼此的关系模式。

很多人会说："凭什么让我改？明明错的是他。""要改他先改。""如果我改了，他不改，有用吗？"我想说的是，你改了，对方也许会改，也许不会改。但是，你自己改变，不是为了要一个确定的结果，而是主动为彼此的关系探索新的可能性。

改变不是一个人的事，但改变确实常常是从一个人开始的。伴侣之间的关系一直都存在着微妙的相互影响：如果一个人改变，另一个人通常也会随之改变。

可是，大部分人并不愿意先改变自己，他们真正想要的是在这种权力的较量中战胜对方，而这通常不会成功。

有些人会想，明明我是对的，为什么他不愿意改变呢？我要求他积极上进，有什么错吗？

没错。我们这个社会很推崇积极上进的价值观，这种推崇有时候让我们误以为它不是一个个人立场，而是一种人人都应遵循的普世价值。

可亲密关系却遵循另外的逻辑。在亲密关系中，"积极上进"或者其他价值观，都没有天然的正当性，也不会比别的价值取向更优越，更不会赋予你改变对方的权力。

在亲密关系中，觉得伴侣不愿意积极上进不可理喻，只是从你的角度出发的想法。你的伴侣有另外的想法，并且跟你的占据同样的比重，哪怕他的想法听起来没有你的那么"正确"。

我就见过一对夫妻，丈夫嫌妻子不思进取。可妻子却说："我从来没见过像我老公这样焦虑的人，他让家变得没有一点生活气息，我已经很久没有温馨的感觉了。公司里的老板已经让我很烦了，我不想在家里还有一个老板，给我制定另外的KPI，而且比公司的老板还不客气！每当他唠叨着要我看书学习的时候，我就会很生气：'凭什么？！'有时我会故意刷抖音、看电视剧，其实我并不想看那些，就是想告诉他，这个家不是他一个人说了算！"

一旦进入亲密关系的逻辑，丈夫的"积极上进"和妻子的"温馨放松"就有了同样的地位。要求另一半积极上进的问题，就变成协调两种不同心理需要的问题。一种价值取向好不好并不关键，你愿意，他也愿意，才是关键。

有时候，我们需要从另一个视角来理解彼此之间的差异，从而松动一些对自身价值观的确定和坚持。**亲密关系是很奇怪的，如果你认定自己对、对方错，两个人就很难培养起商量的氛围，改变也就无法发生。**

看见对方的付出，并愿意为对方付出

很多时候，人们抗拒改变，其实是在抗拒对方对自己的不认可。如果你对伴侣是欣赏和认可的，那你提出的很多改变的要求，通常都能得到回应。

我的老师，著名家庭治疗师李维榕教授经常说，**结婚意味着两个人都要为彼此改变，如果没有为彼此改变，那说明两个人还没有在心态上真正走进婚姻。**判断的标准在于，为对方改变是我们心甘情愿的付出，还是我们对公平与否的计较。

我曾见过一对年轻的夫妻。丈夫没有结婚时喜欢旅行，一年挣20万花25万。结婚之后，他把吃喝玩乐都戒了，变得特别节约。妻子是一个足球迷，丈夫原来不喜欢看足球比赛，觉得踢来踢去没什么意思，可是跟着妻子，他竟然变成了一个球迷。丈夫原本是一个很没有计划的人，经常今天临时决定明天去旅行，而妻子特别爱做计划，明年去哪儿

旅行今年都会提前计划好，但受丈夫影响，妻子现在也不提前做周密的计划了，反而觉得不计划可能更好，反正自己做好计划之后，丈夫也要改，不如接受生活的惊喜。

妻子说："之前没找男朋友时，觉得一个人更好，想吃就吃，想玩就玩，想养一条狗就养一条狗，也不缺家人、朋友的陪伴。不过，一个人有一个人的好，两个人有两个人的好。如果你找到对的人，两个人比一个人更好。我觉得我很幸运，找到了那个对的人。"

她说得太谦虚了，其实不是她找到了对的人，而是两个人的付出把彼此变成了对的人。

其实在亲密关系里，我们不怕付出，也不怕为对方改变，怕的是自己的付出没有被看见，没有得到应有的回应。这时候，那些没有被看见的付出会变成一种难言的委屈，我们就会计较谁付出多，谁付出少。**如果我们能看到彼此的付出，很多事都会变得不一样。也许这才是我们最需要的改变。**

在亲密关系工作坊中，我经常让学员用两个句式造句。

第一句是："如果我的伴侣＿＿＿，我就可以＿＿＿。"这代表了我们渴望伴侣改变的愿望。

第二句是：**"幸亏我的伴侣＿＿＿，我才可以＿＿＿。"**这代表了我们对伴侣付出的感恩。

很多学员都说，通过后面这个句子才发现，原来在婚姻中，他们已经受惠于对方的付出了，只不过很多时候他们把这种付出当作一种理所当然，视而不见。我会要求学员把这句话讲给自己的伴侣听。很多人反馈说，伴侣听了以后非常感动，自己说的时候也很感动。他们也没有料到，有时候在亲密关系中，改变是很简单的，看见和感激对方的付出就是其中之一。

走出"受害者"角色

在关系里受了伤，我们很容易把自己当作一个"受害者"。受害者身份不仅会带来怨气，有时候也会变成一种自我保护。我们躲在这样的壳里不愿意出来，最终伤害的是双方的感情。

怎么走出"受害者"角色呢？

我曾收到过一封读者来信，信中详细讲述了她和先生改变的过程。从这封信里，你可以看到改变真实的样子，也可以学到让两颗迷失的心重新走近的方法。

陈老师：

你好！这是一封感谢信。

2020年，我在得到App上听了很多课，但是非常实在地改变了我的生活和我与周围人关系的，是您的课程。

我属于非常早熟的人，因此在22岁意外怀孕时，我坚定地选择了把孩子生下来，那时我正在一所大学读研究生。然而，生育是一个比我想象中难太多以及复杂太多的工程，对于23岁还未成熟的先生来说，更是猝不及防。当年他选择继续留在南方创业，一方面是需要支撑我和孩子的生活开支，另一方面是当时的机会很不错，不可错过。我独自在异地怀孕生子，读书写论文，直到毕业。

这段经历给我留下了非常严重的心理创伤，用一句话来说，就是始终无法原谅在自己最需要的时刻却一直缺席的伴侣。

往后的7年，我一直背负着这个心理创伤，扮演着受害者角色，对伴侣的怨恨慢慢变成身上尖锐的刺和坚硬的壳。我几乎每个月都要跟他提一次离婚，我们的关系也多次处于信任危机的边缘。

后来我在得到App听了您的《自我发展心理学》这门课，第一节课讲的就是"选择"，它给了我重要的启发。

长久以来，我一直觉得自己是关系里的"受害者"，要改变也应该是那个给我伤害的人改变，凭什么自己受到伤害，最后还要先改变？但这节课让我意识到，一直不愿意起心动念做改变的人其实是我。

课程里有一句话是"意识到你有选择，这是改变的开始"。听完第一课，我设立了一个目标——修复跟先生的关系，并带着这个问题继续学习下面的课程。

随着学习的深入，我理解了自己对感情的一些应对方式和心理舒适区。它让我明白：我一直在用过去那个受害者的眼光审判自己的感情和婚姻，因为我害怕再次受到伤害。如果我无法跟过去的经历做了断，我将一遍一遍地重复受害者戏码，直到有一天对方可能真的因无法忍受而离开。

我邀请先生跟我一起学习这门课程，并把第三章"如何拥有高质量的关系"反复看了两遍，再加上第四章的一篇文章《结束：

如何与旧自我脱离》，它们让我意识到，我过去总想着结束跟先生的婚姻，却没有考虑过其实我可以重启跟先生的感情。

于是，我做了一个现在看来挺了不起的决定：我跟先生约好，要重新认识一下彼此，就像我们从未认识过一样。

我们约定了见面地点，还各自准备了一个简单的自我介绍，为接下来的"相亲"做准备。我在自我介绍中详细讲了我自己的成长经历，我对家和感情的向往。

见面那天，我跟先生在一个餐厅里面对面坐下。我们从认识到结婚已经快10年了，现在却要学着重新认识彼此。我平静地做了一个10分钟的自我介绍，然后先生也开始自我介绍。

那一刻我突然发现，相较7年前，他已经成熟和成长了许多，而我在过去7年几乎完全忽视了他，眼里根本没有他这个人，有的只是对他的怨恨。

这7年来，我一直觉得自己是受害者。当我重新认识他时，我忽然发现，其实他才是"受害者"，因为一直背负着对我的愧疚和自责，所以一直忍受我对他一遍又一遍的伤害和指责。我也终于明白，为什么这7年来，我一直觉得先生是一个陌生的存在。因为我从未放下过去，客观地看待过他。我们在同一个屋檐下生活，我几乎每天都看见他，却从没有"真正看见过他"。

我没有看见：我几乎每个月都会出差几天，他是那个给孩子洗澡、哄孩子睡觉、督促孩子洗漱、送孩子上学的爸爸；他是那个自己骑自行车上班、把车留给我开的丈夫；是不管我要做什么，他都会说我支持你的丈夫……我心里被7年前那个"置我和孩子于不顾的自私男人"的形象填满了，根本塞不进任何新的形象。

从那天起，我决定放下过去，重新开始。我知道这不容易，但也没有那么难。放下过去是一种勇气和勇敢，意味着我不再用过去的经历去向心里的"债主"讨债，毕竟用道德和愧疚感去绑架一个人，是一件很容易奏效且容易上瘾的事情。重新相信一个人，意味着把自己的信任重新交付出去，这是唯一能让我们感受到爱的方式。如果心里一直有恨，是感受不到爱的。

那天的仪式，像是我们关系的重生。而比这个仪式更重要的，是我萌生了相信我们可以重归于好的念头。

感谢您读完这封信，也请您继续这份关爱人灵魂的工作。

从这封信里，你可以看到改变最真实的样子，那种放下过去的伤害、选择信任对方的忐忑，以及找回彼此的喜悦。有时候，我们需要的不是去改变对方，而是用一种新的眼光去看对方和自己，然后重新开始。

让我们再来回顾一下她的改变过程：

1. **理解并接纳自己"受害者"角色背后的怕。**"始终无法原谅在自己最需要的时刻却一直缺席的伴侣。"

2. **理解"受害者"角色给自己婚姻带来的影响和伤害，从改善婚姻的角度思考问题。**"如果我无法跟过去的经历做了断，那么我将一遍一遍地重复受害者戏码，直到有一天对方可能真的因无法忍受而离开。"

3. **决定改变，并邀请先生一起参与改变。**

4. **创造一个合适的"场"，设计重新开始的仪式。**比如到一个新的场景，重新认识彼此，"人生若只如初见"。

5. **检视过去记忆中因为"受害者"角色带来的偏见。**从新的关系认识过去，发现"因为我从未放下过去，客观地看待过他。我们在同一个屋檐下生活，我几乎每天都看见他，却从没有'真正看见过他'"。

6. **决定放下过去，走出"受害者"角色，重新开始。**我们对对方的成见，其实来自我们在关系中扮演的角色。"受害者"角色既来自我们以前受伤的经验，也会通过自我预言的方式把我们变成一个受害者，并最终损害我们的关系。

而一旦放弃"受害者"角色，我们看待对方的眼光、对待婚姻的态度都会发生改变。

爱的练习

♥ 请用下面的句式造句，体会其中的不同之处。

（1）表达期待

　　"如果我的伴侣_____，我就可以_____。"

　　这种期待对你的影响是什么？

（2）表达感谢

　　"幸亏我的伴侣_____，我才可以_____。"

　　把第二个句式造出来的句子分享给你的伴侣，并感谢他的付出。

♥ 如果你也有"受害者"的感觉，想摆脱"受害者"的身份，可以邀请你的伴侣跟你一起准备一个自我介绍，安排一次"相亲约会"，决定是否继续跟他在一起。如果决定跟他在一起，试着放下过去，用全新的眼光来看他。

04

尊重边界,
逃离"控制和反抗"的游戏

我们在跟别人相处时,会通过很多微妙的标识来划定自己的心理空间,树立一个"未经允许,不得入内"的牌子。这就是边界。如果有人侵入边界以内的地盘,我们就会马上警觉,并表达抗议;如果对方不理会这种抗议,继续侵入,我们就会觉得被冒犯,进而奋起反击。

在不同的关系里,我们的边界是不同的。比如,你可以自然地和伴侣讨论你们家有多少存款,但如果一个普通朋友贸然问你,你就会感觉不舒服。这是家和外人的边界。当父母正在讨论家庭矛盾,年幼的孩子想参与,父母会说:"大人的事,小孩子不用管。"这是父母和孩子的边界。

边界总是跟权力联系在一起。它是我的,不是你的,所以我可以,你不可以。夫妻本该是最亲密的人,但仍然有边界,并且同样会跟权力斗争联系在一起,形成"控制"和"反抗"的游戏。

夫妻之间的边界

虽然夫妻组成了密不可分的"我们",但仍然需要区别"我"和"你"之间的边界。"我"的原生家庭、成长经历和价值观,"我"的想法、决定和感受,都是"我"的重要组成部分。假如伴侣在未经允许的情况下,要把"我"的东西变成"我们"的,并认为自己有评价和处置它的权力,那就是对边界的侵犯。

比如你跟伴侣说:"跟我说说你的前任吧!"如果伴侣愿意说,就说明这并不是你和他之间的边界。可是,如果他跟你说:"亲爱的,这都是过去很久的事了,我已经忘了。"他的拒绝就是一个边界。如果你不依不饶地问:"这都不肯讲,是不是有什么秘密?"那就侵犯了他的边界。

所谓尊重边界,就是在尝试靠近的时候,尊重对方说"不"的权力。

我曾见过一对年轻的夫妻。丈夫经常会有头皮屑,妻子看不惯,只要一发现丈夫衣领上有头皮屑,就伸手把它掸掉。丈夫对妻子的举动很反感,告诉她别这样,自己不喜欢,可妻子仍然坚持。

在咨询室里,两个人为这件事争吵起来。丈夫说:"你一掸我的头皮屑,我就觉得你是在嫌弃我。"

妻子说:"嫌弃也许是有一点,可是没有那么多。我看见你的头皮屑想把它掸掉,就跟看到桌上的脏东西想把它擦掉一样,是你自己太敏感了,大惊小怪。"

对丈夫来说，讨厌妻子揲他头皮屑的举动，就是在标识他的边界。但妻子并没有尊重这种边界，反而觉得他的反应是大惊小怪。在婚姻中，"你太敏感了"是一种很常见的说法，表面看来，它是在暗示你标识的边界不合理，所以我有理由不予理会。但它更深的含义却是"你应该像我这样想""你的感觉是不合理的"，它在暗示，我比你更有权力定义你的自我。

丈夫一方面很生妻子的气，觉得她控制自己；另一方面，他也产生了很多自我怀疑："真的是我自己不对吗？""是我太敏感了？"

在亲密关系中，边界侵犯，常常伴随着自我怀疑和反抗。一方面，你希望得到伴侣的认可，甘愿受对方的影响，所以无法对他的看法置之不理。另一方面，如果你接受了他的看法，就会因此怀疑和否定自己，产生被控制的感觉，进而拼命反抗对方。这时候，边界的侵犯很容易演变成"控制"和"反抗"的游戏。

下面四个边界问题，是夫妻之间经常发生的边界侵犯。

对方的心理活动

有时候，我们很想知道伴侣的心里在想什么，期待他的内心活动符合我们的设想。可是，无论你多想跟他亲近，他的心理活动就是自己的边界，如果它没有变成语言或行动，我们就不应该轻易评价或指责。

我见过一对夫妻，丈夫觉得妻子不够理解自己，就帮妻子找了心理咨询师。这本来是一件好事，可是每次妻子见完心理咨询师，丈夫就会问妻子：你今天跟心理咨询师聊了什么？如果妻子不说，丈夫就会生气。

丈夫觉得自己有权了解妻子的所思所想，妻子却觉得丈夫侵犯了自己的边界。

有时候，这种边界的侵犯会以知识权威的名义产生。我见过一对夫妻，妻子学了多年的心理咨询，业余爱好就是分析丈夫的心理："你就是这样想的，只是你没有意识到。""你其实心里不愿意，只是嘴上不说。""你这种性格是怎么怎么形成的。"……妻子这样说，其实是在暗示"我有能力判断你怎么想，甚至比你自己知道的还清楚"，丈夫的内心感受变成了夫妻的公共产品，而妻子对此更有发言权。

丈夫对此很生气。可又说不出生气的道理，只好指责道："你成天学这些没用的东西干吗？！"表面上看，他是在通过否定心理学来否定妻子分析自己的权力，但他真正生气的，是妻子侵犯了他的边界。在咨询室里，丈夫说："在她面前我很不舒服，好像有什么秘密要被揭穿一样，总有一种不安全感。"

那在亲密关系中，该如何守住边界呢？

如果你是想"刺探"伴侣心思的人，伴侣不想讲，就不要再追问。如果实在不放心，你可以这样问：**"你当然可以有自己的想法，我也不应该过问。但我只是想确认一下，它是否会影响和破坏我们的关系？"**

如果你是一个"被刺探"的人，你需要思考，伴侣之所以想了解你的想法，背后的需要是什么。你只需要回应背后的需要，而不需要告诉他你具体的想法。比如你可以这样说：**"亲爱的，我想在内心给自己保留一些空间。但我保证，这些个人的想法不会影响我们的关系，也不会影响你在我心里的位置。"**

对方的情感历史

处在一段亲密关系中，你会很自然地想知道对方的情感历史。之所以会对这件事好奇，最重要的原因是你想据此判断你在对方心里是不是最特殊的一个，对方是不是真的爱你。也许你还想通过了解他的情感历史，来判断对方在情感上是否可靠。

可是，如果你提出了这个问题，而对方说了"不"，就意味着这是他的边界。这并不是对方不信任你，而是在为自己保留空间。

我见过一对年轻的情侣，男生总是询问女生过往的情史，甚至性经历，有时还会询问很多细节，女生就很犹豫。一方面，她希望自己能够向对方保持坦诚，让对方知道她对这段关系是诚实、认真的。可是另一方面，她并不情愿讲这些，担心说出自己以往的经历，会伤害现在这段感情。

不是所有人都会对类似的问题说"不"。一个人愿意跟伴侣分享自己的情感经历，也许是因为渴望自己能够完全被对方理解和接纳。可能他会担心：不分享自己的情感经历，是不是意味着对伴侣不够诚实？

其实，我并不觉得在关系里诚实是最重要的事。知道怎么去保护彼此的关系，比诚实更可贵。你守护的边界，不仅保护了你自己，也保护了你们的关系。

所以，如果你的另一半询问你的感情史，而你不愿意分享的话，可以跟对方说："**我爱你，但是你不需要了解我的所有，你只要知道我是全心全意地爱你就好了。**"

对方的原生家庭

很多夫妻会因为双方的原生家庭问题产生矛盾。这并不是指通常的婆媳关系矛盾，而是指通过贬低对方的原生家庭来贬低对方。

一些夫妻来找我咨询时，会说："他妈妈是一个控制欲很强的人，所以他不太会说话，让做什么才做什么。""她父母关系不好，所以她对感情没有安全感。""从小他爸爸就很宠他，对他来说，什么都很容易得到，所以他对感情也不珍惜。"

每次听到一方这么说时，我就会替他捏一把汗，然后偷偷看一眼他的伴侣，果然对方十分生气。忠诚于原生家庭是每个人的本能，即使在亲密关系中，伴侣是比各自的原生家庭更重要的人，说到原生家庭的问题时仍然要小心。如果伴侣不希望被这么说，那这就是他的边界。越过了这个边界，就是站在了伴侣原生家庭的对立面。

有时候，这种边界的侵犯背后，是一个人对伴侣的原始期待：希望他在感情中是完全纯洁的，没有一点杂质，除了爱我，不会爱任何人，哪怕是他的父母。这种期待当然有合理的地方，可是我们无法把这种期待推演到他没有遇见我们的过去、推演到他内心的每时每刻、推演到他和任何人的关系。

所以，如果讲到原生家庭的问题，他可以礼貌地跟伴侣说："**亲爱的，那是我的过去，是我的家。虽然现在我跟你在一起，但我还是不希望你评论它，就像我不会希望任何人来评论你一样。**"

没有人能完全拥有另一个人，哪怕是夫妻。我们也不应该要求完全拥有另一个人，倘若两个人所有的喜怒哀乐都连在一起，必然会让爱变成沉重的负担。

亲密关系中的边界，揭示了一个最基本的事实：我们是相爱的两个人，而不是一个人，我们有各自成长的经历、价值观和心理感受，我们需要首先尊重对方的空间，才能拥有自己的空间。

对方的感受

假如一个妻子抑郁了，丈夫可能会指责自己做得不好，导致妻子抑郁；或者埋怨妻子，觉得自己作为丈夫已经做得够好了，她不应该抑郁；也可能指责妻子不应该不开心，让自己的情绪影响家里每个人。

可是，无论如何，妻子有权力不开心。丈夫要做的是尊重她的感受，用行动改变她的感受，而不是否定。

这种隐秘的边界侵犯，在亲密关系中频繁发生。有个妻子对总是否定自己，却说"我是为了你好"的丈夫说："你的那些话就像一根针在刺我一样，我明明疼了，你却告诉我这根针刺得不疼。我珍惜我们的关系，所以拼命给自己洗脑。可是，就算我拼命否定自己的感觉，我还是会疼的啊。我不仅疼，还觉得我不该疼，疼就是我的错！"

如何守护夫妻之间的边界

前文讲过，边界的本质是区分"你""我"，守护边界，就是在"我们"当中，保护属于"我"的东西。如何守护夫妻之间的边界？我有以下几个建议。

第一，适时说"不"。边界通常是通过拒绝来标识的，拒绝可以委婉，也可以直接，最重要的是让伴侣意识到，这是你的地盘，他没有权力进入。在亲密关系中，我们容易忽略生气的价值，认为生气不但不能解决问题，还会引发争吵。可是如果你能把生气的原因明确传递给对方，就有助于树立你的边界。

第二，确认你的感受。情绪和感受是自己的，你有权力产生任何感受，不需要为此内疚和自责。如果产生了不舒服的感受，并且被伴侣否定，你可以默默问自己：我的感受是什么？我为什么有这种感受？确认自己感受的过程，就是保护自我边界的过程。

第三，直接告诉伴侣你的边界。在心平气和的时候，你可以和伴侣做一次关于边界的沟通，告诉对方，哪些方面是你的敏感点，哪些事情你不希望他过问，哪些地方你希望他能给你空间，并告诉他为什么。当然，你也需要询问和了解伴侣的边界，约定彼此尊重。

第四，把伴侣变得不重要。伴侣影响和侵犯我们边界的通道是同一个，如果不让他影响我们，那他就无法侵犯我们的边界。正如阿德勒心理学所阐述的"课题分离"原则：怎么说是你的事，怎么反应是我的事。我没法控制你怎么说和怎么做，但可以控制自己怎么反应。所以，当伴侣猜测你内心的想法时，你可以跟自己说："他不过是想卖弄他的心理学知识。"当他评价你的原生家庭时，你可以说："他只是希望更了解我"或者"他只是希望他是我唯一爱的人，比我家人还重要"。当你这样想时，他就变得不那么重要了，你可以自己决定在多大程度上受他的影响。这也是一种对边界的守护。

如何避免陷入控制和反抗的游戏

对于婚姻来说，并非所有的边界都是合理的，也并非所有的要求都是不合理的。当一方提一个合理的要求，但另一方不肯改变时，又该怎么办？难道对方说这是我的边界，我们就不能对他有要求了吗？

这就需要我们重新思考"控制"的本原。

我见过一对夫妻，丈夫有段时间辞职在家。妻子每天下班回家都会问他"你今天做得怎么样"，然后指出他的各种不足，比如"你应该早起""你要多投简历""你要多学习"……丈夫不胜其扰。

有一次，丈夫给一家心仪的公司投了简历，却被拒绝了，他有些沮丧，于是简历就投得不那么频繁了。妻子说："你这是害怕挫折，就是僵固性思维。"丈夫说："我自己心里有数，你就别管了。"妻子说："就你这自律能力，没我能行吗？有几天我出差了没管你，你自己做得怎么样？"

我问妻子，既然丈夫这么不喜欢她管，为什么她还坚持要管？她觉得很委屈："我有什么恶意吗？只是想帮他重新振作起来。"

我又问丈夫为什么不能顺受妻子的好意。丈夫说："明明我有自己的规划，她却完全把我当作一个没有行事能力的人。我觉得我娶的不是一个妻子，而是一个打着'为你好'的名义拼命管我学习的妈妈。"

也许你会想：鼓励丈夫去上班难道不对吗？丈夫不去上班，影响的是整个家庭，难道妻子不能做些什么让丈夫振作起来吗？

这当然有道理，但是夫妻的事不能只从谁对谁错的角度来思考，而需要另外的角度。

第一个角度是从关系视角出发，考虑怎么做会增强彼此的感情，怎么做会损害彼此的感情。

具体怎么判断呢？有一个简单的原则——看他是否接受你的好意。如果他接受，那要求就会变成一种关心和支持；如果他不接受，甚至反抗，那我们自以为的好意就会变成一种控制，最终损害彼此的感情。

对夫妻而言，两个人的感情是第一位的。在上面的案例中，丈夫表明他的边界后，妻子仍然不断入侵，很明显，这损害了他们的感情。

第二个角度是这么做对解决问题是不是真的有帮助。

假如能够帮你解决问题，那再不对的事也有做的理由；反之，事情再有道理，也不应该做。在上面这个案例中，妻子的好意反而让丈夫觉得自己被控制了，而一旦感到被控制，他就很容易做出逆反的事情，就像一个反抗父母管教的孩子一样。

所以，控制的问题不是对与错，应不应该，而是会产生什么效果。一旦夫妻之间开始一方控制另一方，甚至互相控制的游戏，往往既损害感情，还解决不了问题。

那么，如何才能避免控制，又解决问题呢？有两个建议。

第一个建议是，当心里产生控制对方的愿望时，试着理解这种控制背后的需要是什么，并尝试直接表达这种需要。

所有控制背后都有它的需要。这个需要不只是"你要听我的话"这么简单。有些需要能够在婚姻里被满足，有些不能。无论能否被满足，需要本身没什么错，都值得被看见和表达。

我经常会问那些陷入控制和反抗游戏的夫妻：你的需要到底是什么？

比如上面那对"都是为你好"的夫妻。当我问妻子这个问题时，她说："有时候我会担心他，担心我们这个家。我只是希望当我担心时，他能回应我。"

我跟丈夫说："你妻子只是在表达对你的担心。当你妻子表达担心时，你能不能不把它当作一种控制，而是尝试着安慰她呢？"

丈夫说："那她能不能直接说呢？说了我自然愿意安慰她。"

之所以表达需要能够化解"控制和反抗"的游戏，其中一个原因是，当我们想要控制对方时，我们就会把自己放到相对强势的一方，把对方放到弱势的位置，然后要求对方怎么做。而当我们表达需要时，角色和位置就会发生反转，我们变成了相对弱势的一方，要求变成了请求。

别小看这种差别，位置的改变会带来行动的改变。毕竟大多数人都不愿意被强迫，却愿意主动响应需要。这样"控制与反抗"的恶性循环就变成了"表达需要和响应需要"的良性互动。

第二个建议是，把控制和反抗的关系游戏化。

还是以这对夫妻为例。他们最后一次来的时候，我分别给妻子和丈夫一件礼物：一把孩子玩的水枪。

我对妻子说："语言是最无力的。如果你实在觉得丈夫不够上进，不要再说他了，直接用水枪滋他。"又对丈夫说："如果你觉得妻子侵犯了你的边界，也不要用语言反击，就用水枪来捍卫你的地盘。"

看起来似乎很好笑，为什么我会让夫妻俩这么做呢？

因为无论控制还是反抗，真正让我们感到生气的，是关系背后沉重的东西：你不尊重我，你不认可我，你没理会我的需要，你不顾及我的感受。

　　可游戏是另一种东西，它会消减控制和反抗中沉重的部分，让它重新变得轻松甚至荒诞起来。夫妻会发现，原来他们在日常生活中面红耳赤的争辩，不过是玩了一个用水枪互滋的游戏。当控制和反抗的沉重消减以后，控制和反抗的人也许都不需要那么用力。毕竟，这只是一个游戏。

爱的练习

♥ 准备两把水枪。当你和伴侣陷入"控制与反抗"的关系时，与伴侣约定，试着不用语言，而是用水枪进行一场对决。体会这个过程中你与伴侣的情感变化，并与伴侣分享彼此的感受。

Chapter 4

如何应对
孩子带来的挑战

通常在有孩子之前，夫妻之间已经形成了一些解决问题的固定沟通模式。孩子的出现，会给夫妻带来更多、更复杂的挑战。

　　如果夫妻原先的沟通模式有效，他们有很大概率能顺利地应对这些挑战；如果原先的沟通模式无效，那这些矛盾和问题很有可能会以新的主题和面目重新出现，并把孩子牵扯其中。

　　那么，孩子会给家庭带来什么样的新挑战？夫妻应该如何应对挑战？这一章，我们就来学习这部分内容。

01

孩子对家庭结构的重塑

对于一个家庭来说，孩子出生当然是让人高兴的事情，可是孩子刚出生的几年，恰恰也是家庭最容易出问题的几年。

什么是家庭结构

一位妻子对我说："原来只有我们两个人时，我们的感情还挺好的，就算偶尔吵架，也能很快解决。自从有了孩子，我们之间的矛盾一下子增加了。我每天都忙着照顾孩子的吃喝拉撒睡，根本没有自己的时间。而我老公就跟没事人一样忙自己的事。我埋怨他根本不体谅我，他嫌我脾气差。他下班回家的时间越来越晚，我越来越觉得孤立无援。他说是忙工作，但我知道，他也有一部分是在躲着我。有一天，他又很晚回来，我看了他一眼，他也看了我一眼，都没有说话。我从来没有觉得离他这么远过，感觉都快不认识他了。家变得不再温暖，有时候我想逃离，可是看着嗷嗷待哺的孩子，却发现自己无处可去。"这个妻子所讲的，就是孩子的出生给家庭带来的冲击。

孩子明明是爱的结晶，为什么他的出现却会给家庭带来这么大的冲击呢？因为孩子的出生会重塑家庭结构。

所谓"家庭结构"，指的是家庭的组织形式。它既包括家庭中每个成员的角色和位置，也包括家庭成员之间互动的规则。这些互动的规则并非明文规定，家庭却不自觉地照此运行。

举个例子。一个孩子放学回家，看到爸爸正坐在沙发上喝茶看报纸，就问："我妈呢？"爸爸不开心地说："你这孩子，怎么一回家就找妈妈？这不爸爸也在吗？有什么事跟爸爸说。"孩子很不屑地说："我们学校要订一套校服，老师让我们报衣服和裤子的尺寸。这你知道吗？"爸爸想了想说："那你还是去找你妈吧。"

从这个短短的互动片段中，可以看出这个家庭的家庭结构，以及家庭中的角色和运行规则：妈妈是家里的照料者，所以孩子有什么事就问妈妈。这是家庭漫长运行过程中逐渐形成的不成文规定，爸爸想要挑战家庭的规则，却失败了。

孩子的出生对家庭结构的重塑

孩子的出生会给作为"共同体"的夫妻带来巨大的冲击，并引发家庭结构的重塑。这是为什么呢？主要有三个原因。

孩子的出生会改变家庭中心

孩子出生后，家庭中心从夫妻转移到孩子，夫妻作为一个共同体的空间被挤压。在有孩子之前，夫妻会努力照顾彼此的需要；有了孩子之后，夫妻主要看到的是孩子的需要，而彼此的需要就可能被忽略。

一个妈妈说，生孩子以前想的是这件衣服有多美，现在想的是穿这件衣服带宝宝不方便；以前想的是保持好身材，现在想的是吃胖奶水足，对孩子好。她说："我是不是从此跟美告别了？"

别小看跟"美"告别这件事，它体现的就是关系中心的转移。而对美的看法的转变，意味着在自己和别人眼里，她作为女性的吸引力不再重要，最重要的功能是生孩子和养育孩子。

孩子的出生不只意味着生活中增加了一个人，更意味着整个生活的重构。爱美的妈妈不得不收拾起对自己的关心，开始关注孩子吃什么奶粉、报什么早教课、要不要买学区房，等等。如果妈妈是职场女性，她还会面临职业发展和家庭生活的取舍。

无论有意还是无意，成为母亲的女性进入了一个完全陌生的世界，一个以孩子为中心的世界。她很爱孩子，可偶尔也会因为"自己不重要，孩子才重要"而产生隐隐的失落感。这时，她会变得非常敏感，迫切需要来自丈夫的理解和支持，以确定她不是一个人在面对这些改变，以及她做出的改变是值得的。

可是此时丈夫正陷在自己的另一个故事里。如果说妻子从怀孕那天开始，生活就有了很大改变，那丈夫很有可能会长时间保持过去的生活模式。他感觉自己好像是一瞬间变成了父亲，还没适应这个角色的转变，就听到周围人说，孩子需要你，家庭需要你。丈夫的"功能"也被迫发生改变，他承受着来自家庭各方面的期待和压力，却很少有人问他的需要是什么。

他想从妻子那里获得安慰，却发现妻子眼里都是孩子。有时他也会妒忌自己的孩子，觉得孩子抢走了妻子所有的关注和爱。这时候，也许他就会选择用工作，甚至家庭以外的关系，来逃避孩子带来的角色转变的压力。

一个爸爸说："自从有了孩子，我们家忽然变得陌生了。客厅里挤满了人，妻子、来帮忙带孩子的岳父岳母，大家嘴上说的都是孩子。孩子是挺可爱的，可也经常哭闹。有时候我想帮忙，妻子却嫌我笨手笨脚。不帮吧，又质问我在那边干吗。我索性躲进书房里，至少那里还有片刻的清净。"

夫妻都渴望对方把目光投向自己，有了孩子后，却失落地发现对方把所有目光都投向了孩子。他们因此产生怨怼，为什么自己这么辛苦，对方没有看到，却没意识到对方也面临同样的难题。

孩子会成为父母权力斗争的新议题

夫妻很容易因为孩子的养育，进入争输赢模式，尤其是那些还没来得及形成良好的互动模式，就迎来了孩子的夫妻。

一位妈妈埋怨丈夫说："我说孩子穿太少会感冒，他说没关系，孩子冻一冻身体好；我说孩子要多学东西，他说孩子最重要的是玩，不要让他提前对学习失去兴趣。好像关于孩子的所有事，他都跟我对着干。

别的事我就让着他了，可是孩子的事，我没法让他。我明明是为孩子好，他怎么就看不见呢？"

其实他们知道对方也是为了孩子好，只是坚持认为自己的方式才是对的。在这样的情况下，夫妻不再作为相互配合的一对站在一起，而是站到了彼此的对立面。而这会进一步破坏夫妻的共同体，让夫妻把目光更多地转向孩子，似乎在表达一种期待——虽然伴侣不理解我，但孩子一定会理解我的。

产生矛盾的夫妻从孩子身上获得情感慰藉

夫妻产生矛盾后，通常会把注意力转移到孩子身上，试图从孩子身上获得情感慰藉，这会形成新的家庭结构：一方（通常是母亲）与孩子变得过度紧密，而另一方（通常是父亲）逐渐找不到自己在家庭中的位置，变成有家不能回的男人。美国家庭治疗师迈克尔·P.尼科尔斯（Michael P. Nichols）写过一本书《消失的父亲、焦虑的母亲和失控的孩子》，讲的就是这种有问题的家庭结构。这种家庭结构会进一步削弱夫妻的共同体，夫妻各自与孩子产生密切的关系，但是夫妻之间却缺乏交流，越来越疏离[1]。

当一个家庭由于孩子的到来而进入不平衡的家庭结构中时，会引发三种典型的问题：三角化、家庭角色的固化，以及角色错位。在本章

1　关于家庭结构的理论，可参见〔美〕迈克尔·P.尼科尔斯：《消失的父亲、焦虑的母亲和失控的孩子》，王尔笙译，中国人民大学出版社2021年版；也可参见〔美〕萨尔瓦多·米纽庆：《家庭与家庭治疗》，谢晓健，商务印书馆2009年版。

接下来的内容中，我会带你分别从这三个角度了解家庭结构错位带来的
影响，以及学习怎样应对这些影响。

爱的练习

> ♥ 以三个圆代表父母和孩子，画一个简易的家谱图。三个圆的位置代
> 表彼此在家庭中的位置，圆与圆的交集代表彼此的亲密程度。比
> 如，孩子和妈妈更亲近，那代表孩子和妈妈的圆就会交集更多。
>
> 示例：

02

家庭角色的三角化、固化和错位

在有孩子之前，夫妻之间也会产生各种矛盾，只是因为家里没有别人，一切都必须两个人面对。但孩子的出现，让两个人的矛盾呈现更加复杂多变的形态。

家庭角色的三角化

很多夫妻不愿直接面对和解决彼此的矛盾，而是把孩子牵扯其中。这就是家庭结构的错位经常会导致的第一个问题——"三角关系"和"三角化"。

三角关系是一种普遍的人际现象

所谓"三角关系"，指的是关系中的两人通过引入第三者，来减轻他们在关系中的矛盾和张力。

三角关系其实不只是发生在家庭里，它是一种普遍的人际现象。就算是最好的朋友，直接跟对方谈论你和他的关系，也不是一件容易的事。比如我们很少跟朋友说："你最近做的这件事让我很不舒服。""你做那件事，是不是对我有什么意见？"通常我们会谈论第三者，比如某某最近怎么样了，某某最近做的这件事很不地道，我最看不惯的是某某的这一点，等等。

这不只是因为人的八卦心理，还因为人对关系十分敏感，直接讨论彼此的关系有很大的张力，会让人产生紧张的情绪。而谈论第三者，既营造了一种我和你在一起的感觉，又不用直面彼此的矛盾。有时候，我们还可以通过讨论第三者来间接表达对彼此的态度，从而使双方在亲密和疏远之间维持一个巧妙的平衡。久而久之，三角关系就变成人际关系的一种日常形态。

因为夫妻关系的特殊性，越是亲近的夫妻，对彼此的反应越敏感，矛盾所引发的关系张力越大。所以夫妻之间也经常拉拢第三者来缓解他们的张力，由此呈现出很多不同的三角关系形态。

1.工作

三角关系中的第三者，可以是人，可以是物，也可以是一件事。对夫妻来说，第三者有时候是工作。有的夫妻关系紧张时，丈夫会选择频繁加班，妻子就会从抱怨丈夫改为抱怨丈夫的工作："你做的什么工作，天天这么忙?!"

抱怨丈夫的工作，无疑会比直接抱怨丈夫不重视自己的张力要小一些，而丈夫也可以通过为工作辩护来为自己辩护："这段时间在项目截止期，我有什么办法?""我不工作挣钱，怎么买房买车、给孩子交学费?"

通过把工作作为第三者引入，极富张力的关于爱和重视的对话，就被包装成张力更小的关于工作的对话。

2. 出轨

除了工作，出轨也会构成一种三角关系。当夫妻关系充满张力，或者变得了无生趣却无法打破时，出轨对象就会变成关系中的第三者。

有时候，伴侣想要借出轨来告诉对方："我觉得你不重视我。""如果你不爱我，会有人更爱我。"

有时候，这种三角关系也会让沉默的夫妻关系忽然焕发新的激情，意识到彼此的重要性，以及两人之间深沉的爱。但这是一种非常有破坏性的三角关系，轻易不能尝试。

3. 孩子

在家庭里，最常见的三角关系是父母和孩子之间的三角关系。当夫妻之间出现难以解决的矛盾时，他们最自然的反应就是转向孩子，孩子也自然成了平衡夫妻关系的第三者。孩子会变成夫妻矛盾的议题，也会变成彼此情感的支撑。

很多夫妻因为孩子出了问题，比如不肯上学或有情绪困扰，来找我咨询。他们说起孩子时滔滔不绝，可是，当我让他们先把孩子的问题放下，谈谈自己时，他们就会说："我们俩没什么好谈的，老夫老妻了。"

并不是他们真的没问题，而是长久以来，他们把彼此的矛盾融入孩子的养育中，习惯借由孩子表达对彼此的需要和不满，已经不知道如何直接面对和解决彼此的矛盾了。

三角关系本身不是问题，而是一种正常的人际现象。但是，如果孩子长期被当作夫妻解决矛盾的工具，孩子的角色就会逐渐被固化，也就意味着孩子被"三角化"了。

三角化最大的问题，是被三角化的一方会把另外两方的矛盾、关系的纠结变成自己内心的矛盾和纠结，被困其中，无法逃脱。提出三角化概念的美国精神科医生默里·鲍文（Murray Bowen）发现，他接诊的大部分有精神障碍的患者，都有过被三角化的经历。鲍文甚至认为，精神障碍的本质就是三角化[1]。

父母如何导致孩子三角化

孩子三角化的背后，常常是父母无力解决的家庭矛盾。那么，父

1　三角化概念的提出是默里·鲍文对家庭治疗领域的重要理论贡献。国内尚未引进鲍文的著作，可参见基于鲍文相关理论的图书，比如〔美〕罗贝塔·吉尔伯特：《解决关系焦虑：BoWen家庭系统理论的理想关系蓝图》，田育慈、江文贤译，张老师文化2016年版；〔美〕罗纳德·理查森：《超越原生家庭》，牛振宇译，机械工业出版社2018年版。

母是如何把孩子三角化的呢？通常有下列三种情况。

1.把孩子当作打压对方的手段

前文提到亲密关系中的"争输赢"模式，夫妻陷入这个模式后，最容易出现的就是通过拉拢孩子来反对对方。拉拢孩子，既是情感的倾斜，也是话语权的争夺。在家庭里，"为了孩子好"通常代表某种意识形态的绝对正确，当一方觉得自己的话语权不够时，就会借孩子的名义来打压另一方。

我曾经见过一个家庭，夫妻长年吵架，丈夫经常借口加班不回家，把工作当作第三者。他们的女儿上初中，有很大的情绪问题，特别容易紧张，医生说是焦虑症。在咨询中，女儿一开始不怎么说话，后来才跟我吐露心声。

原来，爸爸不在家时，妈妈总是向她倒苦水，埋怨爸爸各种不好。一方面，她很心疼妈妈，另一方面，妈妈对爸爸的怨恨成为她心中沉重的负担。有一天，老师布置了一个作业，给爸爸妈妈写一封信。于是她就给爸爸写了一封信，请爸爸多关心家庭，早点回家。本来她写这封信只是想抒发一下情绪，当作自己的一个秘密，并不想给谁看。可是妈妈正好在收拾房间时看到了，之后就经常拿着这封信跟她爸爸说："你看看，你这样连女儿都看不下去了，女儿都说让你早点回家。"这时候爸爸通常都无话可说。

这封信虽然是她写的，可是当妈妈拿着这封信指责爸爸时，她特别无地自容。信里写希望爸爸早点回家，她也分不清这是妈妈的愿望还是她自己的愿望。也许她这么写，只是想有一个和谐的家庭而已。

但是，当妈妈拿着这封信指责爸爸时，她知道妈妈是在利用她的情感作为对抗爸爸的工具。这让她非常不舒服。后来，她在家里就慢慢不说话了。她总是担心自己说了什么话以后，妈妈又用她的话来攻击爸爸。而她一不说话，妈妈自然就变成她的代言人和心事的解释者。妈妈经常会跟爸爸说："你连女儿的这点心思都看不出来。"所以，她变得越来越沉默。

当用女儿的名义向爸爸提要求时，妈妈是在强化一种隐含的家庭结构：孩子的地位是至高无上的，所以她的需要应该优先被照顾。而妈妈自己的需要却被忽略了。这个家的家庭结构是妈妈和爸爸共同塑造的，因为妈妈的需要没有被照顾，女儿的心声就成为她表达需要的工具，因为只有这样，爸爸才会听到，而女儿因此被三角化了。

2.利用孩子作为拉拢对方的手段

如果说第一种情况是利用孩子"战胜"伴侣，第二种情况就是利用孩子拉拢伴侣。一些夫妻出现矛盾后，不知道该怎么解决，又希望能够维持和伴侣的感情，就会跟孩子说："你去跟你爸说说。""你去跟你妈说说。"他们知道如果自己去说，伴侣通常不会听，也许还会再吵一架，可是孩子说话，伴侣一定会听。久而久之，孩子就变成他们沟通的桥梁。

我见过一个家庭，爸爸在外面工作很忙，有很多应酬。妈妈很焦虑，总想知道爸爸在外面见什么人，想催他快点回家。所以爸爸一在外面应酬，妈妈就打电话。爸爸知道妈妈的心思，只要妈妈打电话，爸爸就冷冷地问："什么事？我忙着呢！"慢慢地，妈妈就不再打电话说希望老公回来了。有时她会以儿子为由，打电话说："儿子想你了，让你快点回来。""你儿子又不肯做作业了，在家发脾气呢。"有时她干脆直接跟儿子说："你去打个电话让你爸爸快点回来。"

对此，儿子心知肚明，但他也乐于帮妈妈扮演"理由"的角色，因为通常爸爸会因为他的各种小问题而尽快回家。然而，随着爸爸回家的次数越来越少，儿子的问题也变得越来越严重，他开始焦虑、心悸，不肯上学，这让爸爸很难离开家，每天都尽早下班回来看他。

在咨询室里，儿子说，他知道自己的问题是妈妈叫爸爸回家的理由，可是如果自己做这么简单的事就能够让爸爸妈妈在一起，那他愿意一辈子做这个"理由"。

这是很多孩子的苦心。他们努力维持父母的感情和婚姻，甚至不惜牺牲自我的发展，把自己变成一个病人。

3.跨代结盟

跨代结盟，指的是孩子和父母中的一方（通常是妈妈）结成情感的联盟。这时候，妈妈不再盯着丈夫，而是把目光转向自己的孩子。因为依恋，孩子会像海绵一样吸收妈妈的情绪。如果妈妈不快乐，孩子通常也会不快乐。有的妈妈会向孩子诉说自己的心事，孩子会懂事地帮助妈妈化解心事。就这样，孩子逐渐变成妈妈精神上的伴侣。如果妈妈的心事里包括对爸爸的怨恨，他也会跟妈妈一起怨爸爸。孩子就这样被三角化。

跨代结盟是以爱的名义进行的，但它会带来严重的负面影响。

首先，它会让父亲更难以代入家庭角色，发挥自己的作用。母亲通过跟孩子结盟，客观上阻碍了父亲进入家庭。而母亲对父亲最大的不满又常常是父亲的缺席。

其次，虽然孩子承担了妈妈的心事，但这种承担并非完全心甘情愿，反而成为压力的来源。而因为和孩子结盟，妈妈会把大部分精力放到孩子身上，这也会引起孩子的反抗，最终导致亲子关系的纠缠。

最后，当孩子变成妈妈的同伴，跟妈妈一起反对爸爸时，孩子在事实上缺少了能够管教他的父母的角色。这通常会造成教育的困难，甚至导致孩子的失控。

孩子如何应对三角化

父母会不自觉地把孩子三角化，那孩子又是怎么应对这种三角化的呢？通常有三种方式。

1.选择其中一边，反对另一边

这种方式，就是前文所说的跨代结盟。如果孩子和妈妈的依恋更深，他通常会选择站到妈妈这边，支持妈妈，反对爸爸。其实孩子对父母都是很爱的，但是当父母关系出现问题时，同时爱两个人就会变成一种矛盾。这时，孩子就会调整自己，适应这种矛盾，无条件地支持妈妈，反对爸爸，甚至比妈妈的态度还要激烈。否则，矛盾的情感就会不断折磨他。

选择这种方式的孩子，会忽略爸爸的好，放大爸爸的坏，承受很多妈妈对爸爸的怨恨，变成妈妈的安慰者，并幻想有一天能够把妈妈从爸爸的魔爪中解救出来。

举个例子。一个孩子曾说："我每天都想劝我妈妈离婚。我知道她不快乐，像她这么好的人，就不应该嫁给我爸爸，我爸爸脾气这么坏，是他害得我妈妈不幸福。"

孩子的印象既来自妈妈的抱怨，也来自他自己的观察。因为对妈妈的担心，他不自觉地把自己放到保护妈妈的位置。每当爸爸妈妈因为矛盾而争吵时，他就跳出来痛骂爸爸。爸爸对妈妈很不耐烦，但对儿子分外有耐心。当他提醒儿子要有礼貌时，儿子却说："我凭什么要对你有礼貌，你打我妈妈的时候，就应该料到会有今天！"

儿子觉得是爸爸害了妈妈，自己在努力保护妈妈，却不知道自己已经不知不觉被三角化了。

2.哪边也不站，哪边也不得罪

选择这种方式的孩子，会拼命压抑对父母双方的感情，来避免自己陷入不知道该支持谁的矛盾中。可远离父母并不是孩子真实的意愿，没有哪个孩子不想和父母亲近。

一个来访者跟我分享了她的故事。她在杭州读大学时，父亲来看她，两个人坐出租车去西湖，在车上一句话都没有说。爸爸很伤心，怪她为什么不跟他交流。她也很难过。她知道自己心里很爱爸爸，也很想接近爸爸。可是想起妈妈对爸爸的怨恨，她就不知道该说什么，好像跟爸爸说话就是背叛妈妈。但她跟妈妈也没有什么话说。似乎无论跟任何一方交流，都会陷入父母之间的矛盾中。这种防御性的隔离，是对自己无奈的保护，最终导致三个人都陷入孤独当中。

除了压抑对父母的感情，被三角化的孩子可能还会选择"关闭情绪通道"这种更极端的方式，变得了无生趣，陷入抑郁和麻木当中。

人的身体中似乎有一个情感通道，在痛苦时会选择关闭它，把焦虑、悲伤等负面情绪关在门外的同时，也会把快乐、激情、亲密等积极情绪关在门外。可是，关闭情绪通道就像试图通过一直捂着耳朵来回避噪音一样，并不能让孩子完全避免痛苦。父母的矛盾不只是吵架那么简单，他们会在家里制造一种紧张的气氛，孩子通常对这种气氛十分敏感。

李维榕教授设计过一套家庭评估程序，用来观察孩子出现的心理问题是否跟父母有关[1]。具体的做法是：让父母在孩子面前谈话，同时测量孩子的各项生理指标，观测父母的谈话对孩子是否有影响。

大多数夫妻一进来，还没有说话，他们的孩子已经开始心跳加快，手汗和皮肤温度也显示他正在变得紧张，好像身体在应对可能到来的危险。有时候，孩子闭着眼睛，看起来像是在休息。可是每当夫妻对话进行不下去，妻子开始沉默，或者丈夫开始叹气时，孩子这种紧张的身体反应又会出现。

在被问到为什么父母的沉默让他这么紧张时，一个孩子说："我太害怕他们冷战了，有时候冷战比热战更可怕。"原来，他的父母在家里经常冷战，有时候一连几个星期都不说话。长此以往，孩子对这种沉默变得非常敏感，父母的一举一动都很容易激起孩子的情绪反应。

---

1 李维榕教授在香港和上海两地从事家庭评估工作。若想进一步了解家庭评估程序，可以关注微信公众号"家之源"，或前往上海"家之源"机构。

3.成为调停者，变成父母矛盾的解决方案

无论选择站边还是远离，几乎所有孩子都会小心翼翼地看着父母，担心父母离婚，这个家会解散。自然地，一些成熟懂事的孩子就会尝试扮演父母沟通的桥梁，变成父母矛盾的调停者。

我有一个来访者，读初中时，她父母的关系不好，总吵架，她不可避免地陷入三角关系，经常像裁判一样调停父母的矛盾，跟妈妈说这是你不对，又跟爸爸说这是你不对。但就算这样也无法让他们停止争吵。而且，裁判可以置身事外，她却不能。有时父母吵完架已经半夜两三点了，她还在床上想着父母的事，难过得睡不着。父母虽然关系不好，却很心疼孩子，常跟她说："我和你爸爸／妈妈的矛盾是我们自己的事，跟你没有关系。"她只好扮演乖女儿的角色，说："我知道，我会处理好自己的事。"

为了不让父母担心，她每天早晨六七点就起床去学校上课。因为睡眠不足，她常常上课的时候犯困，可是为了不让老师和同学看出自己有什么异样，哪怕下课了她也不敢趴着睡会儿。当然她也不会跟同学诉说心里的苦恼——对孩子来说，家里的纠纷是天大的秘密。她经常会有一种抽离的感觉，似乎一切都是在做梦，她在梦里特别孤独。那段时间成绩下降很厉害，她就开始不停地责怪自己："你怎么这么没用？！连自己的心态都调整不好，你根本不用功！"

我问她："你睡眠不足，心里惦记父母的争吵，精神自然很难集中到学习上。为什么不怪父母，一直怪自己呢？"她叹了口气说："怪他们有用吗？我宁愿怪自己。"

几乎所有扮演调停者角色的孩子，都有一种很深的内疚和自责感，觉得父母有矛盾是自己的错，因为自己没做好，他们才会争吵不休，所以，责怪自己逐渐成为他们的本能。

家庭角色的固化

错位的家庭结构带来的第二个问题，是家庭成员角色和位置的固化。

相信很多人都听过这句话："敌人的敌人就是我的朋友，敌人的朋友就是我的敌人。"判断对方是敌是友十分重要，先有对对方角色和位置的判断，然后才有我们对对方的所思所想所感所行。角色和位置决定了我们怎么看待别人。我们会发展出适应角色的看法和情感，以避免内心的冲突，比如敌人做的都是错的，朋友做的都是对的。角色塑造了我们的价值观和情感反应系统。对敌人的同情、亲近和好感，都会因为双方的角色和位置而被压抑，怨恨则被鼓励和保留。当家庭出现矛盾时，我们也很容易把家人划分成"敌人"或"朋友"，从而影响我们对他们的情感和态度。

角色变化带来流动的三角关系

在家庭中，每个人都会扮演特定的角色。不过在一个宽松的家庭里，角色并不是固定的，不同的角色会形成不同的三角关系。

以我家为例，我爱人很反感我打游戏，有时候趁她还没下班回家，我就偷偷打一会儿，并叮嘱女儿千万不要告诉妈妈。女儿点点头说："好，但你只能玩一会儿。"这是一种三角关系。

每次我爱人冲女儿发脾气时，我会把女儿抱出来，跟她开玩笑说："妈妈脾气真大。"然后父女俩一起做鬼脸。我和女儿联合对付妻子，是另一种三角关系。

当我和爱人争论谁洗碗时，女儿会说："爸爸你去洗碗，妈妈最辛苦。"分橘子时，女儿会说："妈妈吃大的，爸爸吃小的。"这也是一种三角关系。

但更多的时候，是我和爱人作为父母站在一起教育女儿："不能在这里拍球！""快把自己的东西收拾好！""再不听话，爸爸妈妈就要揍你啦！"

在不同的情境下，家庭成员之间会有不同的结盟方式。别小看这种流动，它很重要，因为只有在不同的关系中扮演不同的角色，你才能体会到更多不同的自我，接受对他人的各种复杂情绪，而不是不得不压抑某些情绪。

在关系里，情绪是副产品。只有让关系流动起来，情绪才能流动。当我和女儿联合起来反对妈妈时，女儿对我的爱和对妈妈的抱怨在这样的三角关系中被表现和接纳。反之，当她联合妈妈反对我时，她对我的不满和对妈妈的爱也可以被接纳。当我和爱人一起批评她时，她作为女儿的一面也被接纳了。随着三角关系不断流动，她在每种关系中体验到的情绪都很充分。情绪体验越充分，她越能把很多矛盾和复杂的情感整合在一起，变成自己的一部分。换句话说，她更能接纳自己。

角色的分化

在一个轻松有爱的家庭里，结盟是很自然的事，它更像是家人之间的一个玩笑。可是如果在矛盾重重的家庭里，那站队、结盟就成为一件严肃的事，因为你会据此区分敌友。

在这种家庭里，常常会分化出三个角色：**解救者、迫害者、受害者**[1]。每个人都根据自己的角色编排来做事，而他们之间的互动又常常会固化这种角色编排。而且，视角不同，每个人对自己的角色认知也不同。

我见过一个家庭，父亲在外做生意，母亲辞职在家带孩子。孩子已经上初中了，不听爸爸的话，总跟同学打架，有时候还玩网游。在咨询室里，爸爸不停地指责妈妈："我在外面辛苦挣钱，结果你连个孩子也没看好。就是你的教育方式有问题，太溺爱孩子了。"

妈妈在一旁不说话，默默流泪。儿子看到爸爸说妈妈，就帮妈妈反击："你自己做得怎么样？你关心过我们吗？你除了指责我们还会什么？"

这个例子就包含了三个典型的角色以及不同的视角。在爸爸看来，自己是解救者，妈妈是施害者，都是因为她没教育好孩子，孩子才会变成这样，孩子自然就是受害者。可在妈妈看来，自己是受害者，爸爸是

---

1 〔美〕罗纳德·理查森：《超越原生家庭》，牛振宇译，机械工业出版社2018年版。

施害者，总是指责自己，把问题都推到自己身上，而孩子是解救者，是帮自己说话的人。孩子是妈妈的盟友，跟妈妈的感受是一样的。

家庭角色的错位

错位的家庭结构所带来的第三个问题，是角色的错位。

在一个健康的家庭里，父母是父母，孩子是孩子，各自的角色不会轻易混淆。父母既和孩子有情感的联系，又能对孩子保持一定的权威。随着孩子长大，他会逐渐承担起自己的责任，最终离家，成立自己的家庭。

但是，在一个错位的家庭结构中，父母和孩子的角色很容易发生混淆。这会导致两种情况：父母化的孩子和孩子化的成人。

父母化的孩子

父母化的孩子，简单来说，指的是孩子承担了太多父母的责任，甚至代替了父母在家庭中的位置。

1.孩子变得父母化并不是懂事

孩子想要为父母付出，是天然的本能。你可能听说过类似下面的故事：

"我爸爸是外地人，入赘到我们家，我妈妈家的亲戚都有些看不起他。好在我们家人都很看重学习，所以从小我就特别用功，考出好成绩为我爸爸争气。"

"我妈妈是一个很柔弱的人，自从有了弟弟后，她经常头晕，需要静养休息。那时我才上小学，但我放学一回家就帮忙做饭、洗衣服、照看弟弟。我担心妈妈累着，担心会失去她。"

"爸爸和妈妈离婚后，好几次我半夜醒来，发现妈妈坐着默默流泪。也许是怕吵醒我，她没有哭出声，可是我知道她在哭。从那时候开始，我就决心以后一定要照顾好妈妈，不让她难过。"

你可能觉得，这些孩子都很懂事啊，这样不好吗？为什么它会成为一个问题？

我们的文化中有美化"父母化孩子"的传统。在物质匮乏又孩子众多的年代，很多家庭的长子或长女要帮父母照顾弟弟妹妹，早早地自立、挣钱、补贴家用。

这些孩子承担了父母的一部分职责，背上了与年龄不相称的压力和责任，被称赞贴心和懂事，却很少有人看到他们内心的痛苦和不安。研究表明，这种痛苦会一直持续到成年，影响他们的安全感和亲密关系。甚至有心理学家认为，孩子从小被父母化，也会变成一种心理创伤，影响人格、情绪和自我发展[1]。

---

1 〔美〕约翰·弗瑞尔:《小大人症候群》，江家纬译，心灵工坊2013年版。

在一个家庭中，家庭成员之间互相协助是正常的，也是应该的，不是所有协助父母的孩子，都会变成父母化的孩子。如何区分孩子对父母的协助是普通还是过度呢？有两个标准非常关键。

第一个标准是，当孩子协助父母做事时，内心是否觉得父母可以依靠。

如果他们觉得父母可以依靠，心中有安全感，就没有太大问题。如果他们认定父母靠不住，就会产生持续的焦虑，因为他们不仅要依靠自己，有时还需要成为父母的依靠。

第二个标准是，孩子是以什么样的角色去做事。

如果只是纯粹的协助者角色，那他们就只是帮助父母的孩子。可是，如果他们把自己代入照顾父母的角色，同时这种角色错位变成固定的行为模式，就可以据此判断这些孩子被父母化了。

2.父母化孩子的特征

父母化的孩子具有什么样的心理特征？我们通过一个例子来了解一下。

有一个来访者名叫小 U，自己创业，开了一家小公司。她人很要强，工作也很努力，打拼多年后，终于在大城市买了一套房子。我对她表示祝贺，问她期待未来的新家吗，她说："不期待。虽然买了房，但我从来没想过去住，也没想过这个房子是我自己的。"

我问为什么，她说："买完房子的那一刻，我松了口气，觉得父母终于有保障了。万一他们有一天生病了，我就可以把房子卖掉，这样他们就不用担心医药费之类的事情，没有后顾之忧了。"

我问她担心什么，她说："其实也没什么好担心的。父母身体都很好，也有退休工资。但我心里就是有很多不安，总是忍不住为他们着想。"

小 U 就是一个典型的父母化的孩子。从她身上，我们可以看到父母化孩子的三个特征。

第一个特征，他们从小被匮乏的感觉笼罩，而家里没有办法解决这种匮乏。这种匮乏有些是真实的，有些是被父母渲染出来的。

回到小 U 的例子。小 U 出生在一个小县城，妈妈是一个没有安全感的人。有几年她爸爸做生意很不顺，就在家里休息，偶尔打打零工。妈妈总是嫌爸爸没本事，不会挣钱。现实的经济压力夹杂着母亲的焦虑，让小 U 的脑海里深深印刻下一句话："我家里很穷，父母没有能力，他们以后还要靠我。"

当妈妈抱怨爸爸时，小 U 会跟妈妈说："没关系，妈妈你以后可以靠我。"有时在饭桌上，她还会教育爸爸，教他怎么敬酒、怎么夹菜。她觉得爸爸生意做得不好就是因为情商低，她有责任跟他说这些事情，但爸爸只是嘿嘿笑。

第二个特征，他们会发展出一种特别的照顾父母的倾向。父母化的孩子压抑了自己的需要和愿望，总是把父母的需要和愿望放到前面。

小 U 就是这样。她想要照顾妈妈，可孩子的肩膀毕竟是稚嫩的，她能做的就是压抑自己的需要和愿望。有一年冬天，她的鞋子破了，漏风，穿在脚上非常冷，但她不敢跟妈妈说，怕说了以后，妈妈又要为钱的事发愁。可是她心里也有很多委屈，暗暗怪妈妈粗心，连自己这点需要也看不见。

实在困苦的时候，她还会幻想自己不是父母亲生的，真正的父母很有钱，有一天会接她回家。这种幻想缓解了她的压力，却又让她很自责，觉得不应该这么想。

上大学以后，她开始创业。从赚钱开始，她就有给家里寄钱的习惯。父母也习惯了想买什么东西就问她要，觉得女儿很能干，可以依靠。小 U 说："心情好的时候，给他们钱我很开心，觉得家人可以依靠我，很有成就感。可心情不好的时候，我也会想，为什么我要让自己这么累？我替家里每个人想，为什么从来没有人替我想？"

很多父母化的孩子都有这种矛盾心态。一方面，他们因为被父母依靠，觉得自己很有价值；另一方面，当想要依靠别人，却发现没人可以依靠的时候，他们会倍感孤独。

第三个特征，他们习惯照顾别人，而不习惯让别人照顾自己。这就导致他们很难和别人建立起亲密的关系。

我问小 U："你心疼这么多人，怎么没想到找个人来心疼你，让你自己也有依靠呢？"

她说："我心里其实特别想找个人依靠，可是我从来不会要求和麻烦别人。哪怕是恋爱，我也不知道怎么跟对方撒娇。"

"那你父母呢？"

"他们更靠不住，如果让我把难过说给他们听，我就会想，爸爸现在这么烦，跟他说，会不会增加他的烦恼？妈妈心理素质不好，跟她说，会不会让她心里紧张的弦崩断？可是我心里一直有很强烈的不安全感。我睡眠很少，经常做噩梦，梦里面父母遇到了危险，我要去救他们。"

父母化孩子的背后，是整个家庭的痛苦和无奈。

家有改造一个人的强大力量。当一个家庭需要大人，而大人又无法胜任角色时，孩子就会收起他们的天真烂漫，努力变成一个大人。一方面，他们总是照顾别人，压抑自己的需要，觉得只有这样自己才有价值；另一方面，他们很害怕跟人建立真正的联系，因为任何亲近的关系对他们来说，都意味着难以承受的压力和责任。这种矛盾就来自他们童年照顾父母的经验。

孩子化的成人

在错位的家庭结构中，除了会有"父母化的孩子"之外，还会出现另一种情况："孩子化的成人"。这样的人虽然身体已经成人，心理上却还没有做好离家的准备。他们具有以下几个特征：

在社交功能上，没有从事这个年龄该从事的学习或工作，而是选择退守家中；

在同伴交往上，对与自己年龄相仿的同伴缺乏兴趣，而是跟自己的父母和原生家庭纠缠不清；

在心智发展上，表现出与年龄不相称的幼稚化；

在家庭结构上，一直维持需要被照顾的孩子的角色，没有办法发展出成人的、能够承担责任的那一面。

他们像是童话里一直保持孩子状态的彼得潘，或者德国文学名著《铁皮鼓》里，因厌恶成人世界而拒绝长大的奥斯卡。

如果从个体的视角来看，也许你会认为，是孩子自己的心理素质不行、抗挫折能力差，才会引发心理疾病。

如果从家庭结构的角度来看，你会发现，一个成人变得孩子化，通常是因为这个家需要一个孩子。哪怕孩子已经长大成人，系统仍会以各种方式把他留在家里，让他变成一个孩子。

我的女儿今年6岁了，有一天我问她："长大以后你想做什么？"她说："我不想长大。"我很惊讶，问她："长大不好吗？可以自己做决定，想吃什么就吃什么，想玩什么就玩什么。"谁知女儿说："爸爸，我长大了，你和妈妈是不是就变老了？我可不想你们变老。"

女儿对长大、变老还没有那么明确的概念，可是她仍然觉得，父母变老是一件可怕的事，所以宁可牺牲自我的发展也不愿这件事发生。

其实，不只是孩子会这么想，大人也会这么想。有时候看着女儿逐渐长大，我和爱人会暗暗感叹，希望她长大得慢一点，这样我们跟她在一起的时光就能更长一点。

这种朴素的愿望在每个家庭中都存在。对大部分家庭来说，这只是一个想法，父母明白孩子的成长就像一支射出去的箭，开了弓就没有回头的道理。可是在有些家庭中，孩子和父母的关系非常紧密，孩子是父母生活的全部，父母很难接受孩子长大离家，对自己不再依赖。

我曾遇到过一对母子。儿子已经15岁了，长得高高大大，却每天早上都无法按时起床，妈妈给他定了两个闹钟也不管用。所以每天早上，妈妈都要把儿子从床上拖起来，给他套上衣服，穿上裤子，再穿上袜子。

妈妈说："虽然孩子长大了，可是我也没办法。我不帮他穿，他就不起床。我平时睡得晚，有时候熬到两三点才睡，又担心自己睡着了没人叫孩子起床，干脆就不睡了。实在熬不住了，就到楼下遛狗，让自己保持清醒。"

虽然有抱怨，但每天她都兴致勃勃地叫孩子起床，好像这是她很重要的工作。而孩子也乐于享受母亲的照顾，就好像他还是一个很小的孩子。妈妈和孩子之间形成了一种特别的互补。

这种互补是怎么来的？

原来这是一个离异家庭，妈妈独自抚养孩子长大。以前妈妈工作的时候很拼，儿子很少见到妈妈，就开始在学校闹事。妈妈三天两头被叫到学校去训话。打也打了骂也骂了，孩子就是不消停，妈妈只好辞职回家照顾他。可是妈妈辞职回家以后，总是闲着没事做，也不开心。与此同时，儿子早上起得越来越晚。

我问儿子："你已经这么大了，怎么能心安理得地让妈妈这样照顾你呢？"儿子却悠悠地说："这是我给妈妈的一份工作，她不是没工作了吗？如果我不给她这份工作，她就更不快乐了。"

这就是孩子的小心思，他通过把自己变小，给了妈妈一份照顾自己的工作；妈妈却一边抱怨，一边接受了这份工作。最后妈妈舍不得"辞职"，孩子舍不得长大，两个人就紧紧地捆绑在一起。

我们在前文讲过，被三角化的孩子，总是因为家庭的需要而扮演特定的角色，无论是母亲叫父亲回家的"理由"，还是帮父母沟通的"桥梁"，或者保护母亲反抗父亲的"骑士"……这些孩子长大离家的话，很有可能会引起家庭的危机。**为了回避危机，家庭内部就会产生动力，把三角化的孩子留在家中，哪怕他们已经逐渐成人。**

爱的练习

♥ 在你的成长经历中，是否有被父母"三角化"的情况？你是如何被
三角化的？这段经历对你的影响是什么？

你被三角化的经历：

如何被三角化：

对你的影响：

♥ 你和伴侣有没有把孩子"三角化"的情况？你们是如何通过孩子来
表达对伴侣的需要和态度的？这时候孩子的反应是什么？这种三角
化又会如何影响他？

你和伴侣三角化孩子的情况：

孩子的反应：

对孩子的影响：

♥ 跟父母进行一次深度沟通，聊聊在长大的过程中你所扮演的角色，以及其中的酸甜苦辣。

你扮演的角色是：

你的感受是：

03 家庭关系的重构

　　在公司里，如果管理层之间一直有矛盾，那么，哪怕他们的能力再强、办法再多，这个公司也很难良性发展。同样，在一个家庭里，如果夫妻关系不好，这个家庭也很难发展得好。

　　在前面的内容中，我们详细了解了错位的家庭结构所带来的影响。虽然妻子或丈夫是我们真正的伴侣，可是很多人觉得，从基因上来说，孩子才是真正属于自己的。所以血缘关系上的亲近有时会超过夫妻关系。当出现矛盾，又不知道该如何解决时，夫妻很容易把感情转向孩子。孩子是家庭存在的理由，这既是一件幸事，同时也是不幸的。**幸运在于，因为孩子的存在，婚姻得以存续；不幸在于，很多夫妻很爱孩子，却没有好好爱伴侣。他们没有意识到，如果不能好好爱伴侣，孩子也不会好过。**

打造良好家庭结构的建议

如何才能打造良好的家庭结构？既然问题的关键是孩子冲击了夫妻的共同体，那解决问题的关键也在于重建夫妻共同体。对此，我有三个建议。

重新划定夫妻和孩子的边界

家庭结构的错位，常常是由父母中的一方和孩子形成了跨代结盟，而把另一方排斥在边界之外导致的。要改变错位的家庭结构，就需要夫妻重新站在一起，和孩子之间形成一定的边界。

怎样划定夫妻和孩子的边界呢？

边界代表的是情感的亲疏和权力的分配。在夫妻和孩子之间划定一条边界，并且双方都尽可能遵守，那么，对于孩子的问题，夫妻就能统一战线，一起商量，一起做决定，有一个相对统一的态度。

以孩子的教育为例，如果夫妻能够维护彼此的权威，孩子就会明确地知道，妈妈的批评同时代表了爸爸的意见。这时他就会对家庭的规则产生一定的尊重和敬畏。

当然，夫妻之间肯定存在观点不一致的情况，万一实在不同意伴侣教育孩子的方法怎么办？

其实，一方的教育方式，另一方并不需要全部都同意。对于孩子的教育，夫妻双方可以通过商量来决定。如果无法达成一致意见，建议夫妻划定彼此负责的边界，约好互不插手对方负责的领域。

比如，孩子犯了错，丈夫在批评孩子。妻子因为心疼孩子，责备丈夫说："你发这么大脾气干吗？看你把孩子给吓的。"丈夫则反击道："都是你把孩子惯坏了！"原本是孩子的问题，结果演变成夫妻之间的矛盾。

遇到这种情况，妻子可以暂时躲起来，不要干涉，在丈夫批评完孩子以后，私下跟丈夫沟通怎样才是更好的教育方式。伴侣双方都需要空间去改变自己，有时当面纠正只会起反作用，并把孩子卷入夫妻的矛盾中。

家庭结构没有错位的夫妻，能够很好地互相配合，欣赏彼此的做法，在对方管教孩子时闭上嘴巴，哪怕对方的想法跟自己不一样；而配合不好的夫妻，总爱在对方管教孩子时发表很多意见，导致孩子无所适从。**不在伴侣教育孩子的时候干涉，其实也是给孩子一个信号：爸爸和妈妈是一起的。**

统一夫妻之间的角色和位置

夫妻之间的角色和位置决定了两个人怎么看待彼此，所以，夫妻之间对角色和位置形成统一的认识，成为一个"共同体"，就变得至关重要。

李维榕老师曾做过一个个案，主角是一对夫妻。丈夫说妻子没法控制自己的情绪，总是冲孩子发脾气。妻子却指责丈夫："每次我要教育孩子，孩子都还没生气，你就很生气地骂我，这让我怎么教育孩子？

我在孩子面前的尊严都没了！"丈夫说："如果你能控制住自己的脾气，我怎么会生你的气？你发脾气的时候，连我都害怕，更何况孩子呢！"两个人因此争吵起来。他们的孩子很难管教，最近闹着不肯上学。不过奇怪的是，虽然妈妈总是批评孩子，孩子还是站在妈妈这边，觉得爸爸说得不对。

在李老师的干预下，丈夫认识到他们夫妻之间陷入了对抗的沟通模式，他用指责的方式说话，妻子当然听不进去。第二次来的时候，他就换了一种方式，轻声细语地跟妻子说："老婆，我们还是要对孩子好一点，你说好不好？"妻子笑了笑，把头别过去，轻声说："我哪有对孩子不好。我一说孩子，孩子还没生气，你就生气了。"丈夫听到妻子的回答，又想指责妻子听不进去了。

丈夫的想法是好声好语地说话，让妻子接受自己的意见。妻子享受了丈夫的好声好语，这是她喜欢的，但她也听出了丈夫的弦外之音："你对孩子不够好。"这是她所不接受的。可是丈夫好声好语，她没法激烈地反驳，只好笑着回应了丈夫。

李老师问丈夫："你听到妻子在说什么了吗？"丈夫愣了一下，他没觉得妻子讲的话有什么深意。

李老师说："我听到的是，你妻子一直在说，你爱孩子比爱我多。"

空气忽然安静下来。妻子也没想到，长久的争吵背后，有自己对爱的纠结，而细细想来，这种纠结又真的存在。她轻轻地点了点头。

丈夫说："听了这话我很愧疚。我一直觉得，在我心里老婆和孩子没什么差别。"妻子说："肯定是不一样的。"说着说着，她就哭了，被丈夫放到对立面的委屈涌了上来。

李老师问妻子："你为什么这么难过？丈夫爱女儿有错吗？"

妻子说："他爱女儿没错。可是他把我当敌人，不再爱我了。"

丈夫赶紧插话说："老婆不是这样的，我也是爱你的。"

当夫妻之间无法顺畅沟通时，我们常常以为是不会表达，缺乏沟通技巧，但这只是表面原因，真正的原因是我们对彼此的角色、位置的理解不同。

要改变角色和位置，我们可以问自己几个问题：

> 我现在说这些、做这些的位置在哪里？是和伴侣站在一起，还是和孩子站在一起？
>
> 如果我没有和伴侣站在一起，是什么在妨碍我？
>
> 如果要和伴侣站在一起，我可以说什么、做什么来支持他？

对于习惯了以孩子为中心的夫妻，我会建议他们抽出一段时间，在没有孩子的情况下，聊聊彼此的工作、生活和心情。有的夫妻会发现，虽然生活在一起，但双方已经变得陌生了。而这一段只属于夫妻的时间，能够帮助他们重新发现彼此，最终意识到，无论他们怎么把目光投注在孩子身上，在内心里，还是那么渴望伴侣的亲近、关心和爱，因为这是家开始的地方。**在当好父母之前，先当好夫妻，是一个运行良好的家庭最重要的秘密。**

打造夫妻的共同空间

很多时候，如果过分以孩子为中心，夫妻就会逐渐失去交流的空间，进而失去对彼此的亲近感。因此，培养夫妻之间的亲密感是建立良好家庭结构的关键。

如何培养亲密感？

在本书的第二章、第三章，我们已经详细讲述了夫妻的沟通问题和解决矛盾冲突的办法，夫妻需要学习先放下孩子，回到前文的章节，共同处理好彼此的关系。

除此之外，有孩子之后要保持亲密感，伴侣之间还可以：

首先，保留专门的"夫妻时间"。 比如每天或隔天专门留半小时聊天，可以聊工作，聊彼此的心情，聊自己对孩子养育的想法。在这个过程中，夫妻需要把一切放下，认真倾听和回应对方的话。因为长久生活在一起，夫妻之间太习惯心不在焉地对待彼此，以至于缺少对彼此的深入了解。而打造专属的时间和空间，可以让夫妻认真地倾听和回应彼此，从而塑造一种"在一起"的亲密感。

其次，强化共同记忆。 几乎所有共同体的打造，都需要强化有意义的共同记忆，夫妻也不例外。只不过，太多的日常琐碎让他们逐渐忘记了曾经美好的记忆。

在咨询室里，我经常会问遇到问题的伴侣："你们当初为什么选择在一起？""对方做过什么打动你的事？""哪段时间是你们觉得最快乐的时候？"

我发现，矛盾再大的伴侣，回忆起他们共同的经历和当初的感动，都会产生一种温馨的感觉。有一对争吵不休的伴侣说，他们最好的时光是在刚恋爱的夏天。每天晚上，男生接女生下班回家，两人坐在出租房的地板上，点一大盘小龙虾外卖，喝啤酒，看综艺节目。他们吃遍了城里的小龙虾店，给每家店打分，并把其中一家评为全城最佳。我问他们："那家店还在吗？"他们说："已经很久没去了，早就关了。"

另一对夫妻讲起他们的美好时光时，妻子说："别看我丈夫现在这么凶，对我没好脸色，当初追我的时候，一封封给我写情书。每次收到他的信，我都很感动，把这些信都收到一个盒子里，小心地收藏起来。"她丈夫在旁边听着，脸色也逐渐柔和起来。我问她："你后来读过这些信吗？"她说："没有，慢慢就不再打开来看了。"

听这些伴侣回忆过去，我和他们一样，有一种恍惚感。**爱情曾经是如此美好和新鲜，它不该因为工作、孩子或者各种矛盾而失去原本的亲密感。**回忆共同的经历，就像打开另一个空间，让他们能够从曾经的温馨中寻找让感情继续燃烧的火种。

所以，你也可以和伴侣一起翻翻老照片，读读以前的情书，听听老歌，回忆过去经历的坎坷。慢慢地，你就会想起来时的路，也知道接下来要往哪里走。

最后，向对方表达欣赏和认可。恩爱的伴侣经常会表达对彼此的认可和感激。比如妻子帮丈夫收拾衣服，丈夫会在旁边说："老婆幸亏有你，把我照顾得这么好。"丈夫加班回来晚了，妻子也会说："老公辛苦啦，我们家现在蒸蒸日上，全是你的功劳。"

这些简单的话，并非操纵对方的手段，更不是假浪漫。甜言蜜语之所以甜蜜，是因为它契合了人对依恋的需要。也许话很简单，也会重复，人却总是听不够。**爱的语言有千万种形式，本质都是一句话："你是我最重要的人，我爱你，珍惜你，很想和你在一起。"**

爱的练习

♥ 与伴侣一周安排2～3次时间，找一个安静的地方，每次半小时，不谈孩子，只聊彼此的心情。观察你与伴侣亲密关系的变化。

Chapter 5

如何处理
与原生家庭的关系

结婚不仅是两个人的结合，也是两个家庭的结合与重组。结婚成家，代表着一对夫妻离开各自的原生家庭，建立起新的家庭共同体。

　　这不仅意味着我们要与自己的原生家庭构建新的关系，也意味着我们要把伴侣的原生家庭纳入大家庭的版图来考虑。

　　如何在大家庭中保护小家庭的边界？如何处理小家庭与原生家庭之间的矛盾和冲突？这是我们在这一章要重点学习的内容。

01

原生家庭如何影响我们

　　很多人都说："不想活成父母的样子。"可是结婚之后，我们却不知不觉变成了父母的样子，与伴侣的相处模式跟父母越来越像。

　　在咨询中，遇到有亲密关系难题的夫妻时，我通常会问他们的原生家庭情况，比如在什么样的家庭里长大，父母关系怎么样，等等。有的来访者完全没有意识到自己受了原生家庭的影响，只是一味责怪伴侣有错，直到我问他和伴侣的相处方式是不是跟父母的相处方式有点像，他才会反应过来。

　　还有很多来访者虽然知道自己受到了原生家庭的影响，却不知道怎么摆脱。很多来访者说："我父母关系不好，我不喜欢他们的相处模式，很想摆脱原生家庭的影响。"可是回到现实的婚姻中，却不知道该怎么做。因此，发生在父母身上的故事，又在他们身上重演，就像在经历一个不断重复的轮回。

原生家庭如何影响夫妻关系

我见过一对年轻的夫妻。两个人相识多年，一起创业。妻子小E比较能干，是公司的骨干和核心，丈夫则从事支持性工作。小E总是嫌丈夫这也没做好那也没做好，尤其当业务遇到瓶颈时，更是经常当着公司其他员工的面责怪丈夫。丈夫很讨厌小E这么做，可是因为不想跟她起冲突，他就有意无意地回避二人的沟通。他越是不沟通，小E就越是生他的气，两个人经常为此吵架。

在一次咨询中，小E谈到了她的原生家庭："从我记事开始，我妈妈就不停嫌弃我爸爸。她总是说爸爸不够能干，不会挣钱，甚至连家务也不如别人做得好。而我爸爸大部分时候都沉默以对，有时候实在忍不住了，就会忽然爆发，乱摔东西，两个人大吵一架。那时候我还没有自己的判断，也觉得爸爸确实不好，妈妈很委屈。后来父母离婚，妈妈又找了一个丈夫。过了一段时间，她又开始嫌弃这个丈夫不够好，不仅不会挣钱，还不懂体贴人。那时我已经上大学了，不再无条件站在妈妈这边。我也开始反思，是不是妈妈自己也有问题？为什么她遇到的都是让她嫌弃的人？我暗暗提醒自己，以后我自己成立家庭了，千万不要像妈妈这样。"

她嫌弃自己的丈夫，和她妈妈嫌弃伴侣的样子非常相似。虽然再三提醒自己，她还是不小心过成了妈妈的样子。

这究竟是怎么发生的？原生家庭究竟如何影响夫妻关系，让下一代重复上一代的相处模式？有三种可能的情况。

构建与原生家庭相似的位置和角色

第一种可能，是一个人在原生家庭中塑造出来的位置和角色，会变成他在新家庭中习惯的位置和角色。

比如，上面案例里的小E，在那样的家庭环境中长大，从小就非常独立。她很小就知道自己没什么人可以依靠，慢慢习惯了不依靠别人，甚至有时候还会变成妈妈的依靠。从小她就自己洗衣服、做饭。从高中开始，她每年暑假都会给邻居小孩做家教挣零花钱。成家以后也一样，她不愿意依靠丈夫，很多事都自己做。在情感上依靠别人，让她觉得没有安全感，可是内心里，她又很希望可以找个人依靠。

想依靠别人的愿望和不能依靠别人的角色构成了一种矛盾和冲突。为了解决这种冲突，她的潜意识中产生了一个特别的想法："不是我不想依靠，而是我的伴侣根本没法依靠！"于是，嫌弃伴侣成为这种心理冲突的解决方案。

我问她："既然你这么嫌弃自己的丈夫，为什么不找一个不一样的人结婚？"她说："我也找过其他男朋友，也有比我老公能干又有钱的，可是跟他们在一起，我一直都觉得只是玩玩，从来没有安下心来，认真地想过要跟他们结婚。直到遇到我老公，我才有一种安稳的感觉。"

原来，嫌弃自己的伴侣，才能让她回到从小独立的位置上，被她嫌弃的老公反而给了她一种安稳的感觉。

精神分析学派认为，我们总是在伴侣身上寻找父母的影子。也许案例中的小E在构建自己小家庭的过程中，也在构建着和原生家庭相似的角色和位置，并从中感受到一种超越喜欢和讨厌的熟悉与亲切。

继承父母的偏见

也许有人会说，既然选择了重复原生家庭父母相处的模式，为什么就不能好好享受这种亲密关系呢？至少也有熟悉和亲切嘛。这就要说到原生家庭影响我们的第二种可能：我们会不自觉地继承父母看待伴侣的方式，把他们的偏见变成我们的偏见。这种特殊的"偏见"常常决定着我们对伴侣是否满意。

比如，小E就继承了妈妈的某种偏见。在旁人看来，她的丈夫并没有那么不好，可是她戴着一副特别的眼镜，习惯性地认为"丈夫就是不够能干"。这种看法本身会让丈夫更加无法伸展手脚，从而变得更不能干。

这副眼镜是如何从上一代传承到下一代身上的呢？这是由父母和子女之间紧密的关系决定的。

在关系中，我们越是认同一个人，越跟他有紧密的情感联结，就越容易从他的角度来思考和感受，从而把他的偏见变成自己的常识。

在小E的原生家庭里，比起父亲，她跟母亲的关系更为紧密，所以母亲的忧伤自动变成了她的忧伤，母亲的目光也自动变成了她的目光。虽然现在她已经长大，有了自己独立的思考和感受，这种影响仍然会以一种血肉相连的方式嵌入她的潜意识，变成一种根深蒂固的思维偏见，并且被放到自己的伴侣身上。

塑造了我们对亲密关系的信心和态度

在咨询中，我发现，父母关系很好的家庭里出来的孩子，对亲密关系有一种天然的乐观和自信，他们觉得保持一段长久的关系根本不是什么难事。而那些来自矛盾重重的家庭的孩子，对亲密关系则有一种很深的疑虑，他们本能地不相信一段关系能够持久，因此不敢轻易投入到一段关系中。

一个来访者也遇到了这个问题。她对亲密关系有很深的疑虑，犹豫了很久才最终决定结婚。可是形式上的结婚和心理上的结婚是不一样的。形式上的结婚只要领证、举办婚礼就好了；心理上的结婚却需要对伴侣有很深的承诺和忠诚，而这种忠诚常常来自对亲密关系的信心。

虽然她和伴侣结婚了，心理上却一直不敢确定这段亲密关系是否能够长久。她想要靠近，却感到不安，想要离开，又感到孤独。在这种矛盾下，嫌弃就变成一种折中方案。对伴侣的嫌弃，从来都不是我们不想要这个人，而是我们想要这一部分，又不想要那一部分。通过这样的方式，她把亲密关系放到一个不远不近的位置，"嫌弃，又在一起"就变成两个人亲密关系的微妙平衡。

当然，这只是故事的一半，故事的另一半来自她的丈夫。他也有自己的原生家庭，原生家庭在他身上的印记也深深影响了他与妻子的相处模式，以及他面对嫌弃时的反应。在他的原生家庭里，父母都是隐忍的人，所以他也没有学会如何以更直接的方式跟伴侣相处，只能一边抱怨，一边等着伴侣改变。

这些都导致了这对夫妻的困境：他们对这段关系都有一种不安全

的感觉，没有办法走近，也没有办法离开，最后变成痛苦的等待。

如何超越原生家庭的影响

我在另一本书《了不起的我：自我发展的心理学》中曾经说过，改变的本质，就是制造新经验，用新的经验去替代旧的经验。原生家庭对我们的影响，来自我们童年和父母相处的经验，这本质上是一种旧的经验，这种旧经验会影响我们与伴侣的相处模式，让亲密关系在某种程度上成为原生家庭的重复。

所以，超越原生家庭的关键，就是在与伴侣的互动中制造属于两人的新经验。如何制造新经验？有以下三种途径。

改变和父母的关系

制造新经验的第一个途径，是改变我们和父母的关系。

既然旧经验的源头是我们和父母的关系，那么，如果我们有机会改变和父母的关系，常常也会给我们和伴侣的关系带来意想不到的改变。

我曾见过一对夫妻。妻子是一位非常优雅的女性，凭借自己的努力，在城市里打拼出一番自己的事业。丈夫也不错，在一个事业单位上班。按理说，日子过得算是红红火火，可是妻子总有一种特别的焦虑，嫌弃老公不够努力上进，让她无法享受现在的生活。

为什么妻子这么焦虑呢？跟她的原生家庭有关。她出生在农村，父亲人很聪明，读书非常好，却因为家里经济困难，早早就辍学养家。父亲的遗憾变成了他对女儿的期待和要求，可是，这种要求总是被父亲用贬低的方式说出来，比如"你怎么这么笨""你太不懂事了""你连这也做不好"，等等。一方面，女儿对父亲有很大的愤怒，觉得他根本不是一个合格的父亲，怎么能这样教育孩子；另一方面，她又不自觉地认同了这种贬低，觉得自己就是不够好，如果不努力，更是毫无价值。

这种焦灼变成了她努力的动力，也成为她对生活焦虑的来源，结婚以后，还进一步演变为对老公的不满。她老公是个很温和、随遇而安的人，虽然有时候她也羡慕老公的悠闲和豁达，可就是没办法接受他的样子。

她知道这种焦虑来自原生家庭，也尝试过跟父亲谈谈，可是效果并不好。转机发生在她回家探亲的一天。那天她父亲在地里干活，她带着惯有的怨气去看他。见到父亲时，他正在田边一个临时搭的遮阳小塑料棚里睡觉，努力缩着身子，好让自己能够躺到一根窄窄的长板凳上。父亲已经是一个老人的样子了，这个姿态让他显得更加弱小。她在旁边看了一会儿，看着看着就开始哭了。她意识到，自己心里那个一直恨着的、怕着的、高大威猛的父亲已经消失了，随之消失的，是父亲传达给她的那种压迫性的价值观。

那天回来以后，她有了一个很大的改变。她放下了对父亲的怨。虽然并没有完全原谅他，但再想起父亲说的那些刺痛人的话，她头脑中浮现的画面已经不再是一个威严的父亲在训斥一个弱小的孩子，而是成年的自己在怜悯地看着一个弱小的老人。她的焦灼逐渐消失，对老公的态度也有了很大改变。

为什么会发生这种改变？

当我们还在纠结父母对我们的伤害，认同他们对我们的贬低时，我们会不自觉地把自己放到一个容易被影响和伤害的孩子的位置，把父母放到一个高大的、威严的位置。而那次不经意的探视，让她意识到自己不再是孩子了，她忽然拥有了一种自由，能够审视父亲带给她的影响，去选择留下哪些、放下哪些，从而创造出一种新的经验。

区分伴侣和父母

制造新经验的第二个途径，是区分伴侣和父母。

有一种理论认为，我们的择偶标准总是会无意识地受父母影响，比如我们找的妻子经常会有妈妈的影子，而我们找的丈夫也可能是理想中父亲的样子。一方面，伴侣像我们的父母，会带给我们熟悉的感觉；另一方面，我们也会不自觉地把我们从父母那里继承的愿望、挫折，甚至怨恨投射到伴侣身上。

有一对夫妻总是为孩子教育的问题吵架。丈夫对孩子很严厉，孩子要吃糖，丈夫不允许；孩子要看电视，丈夫说不行；孩子不听话的时候，丈夫还会对孩子发脾气。每当这时，妻子就很愤怒，上前干预，两个人因此吵得不可开交。

这对夫妻的教育风格是怎么来的？原来，夫妻俩都来自家教很严的家庭。区别是妻子对父母的严厉深恶痛绝，觉得自己从小缺少关爱，所以丈夫一凶孩子，童年里害怕无助的感觉就会出现，她就会忍不住冲上去保护孩子。有趣的是，丈夫却认同父母严厉的教育，并把它理解为另一种形式的爱，所以他会以父母对自己的态度来对孩子。

妻子对丈夫的态度里夹杂着对父亲的怨恨，所以，我就让妻子说说她的丈夫跟她的父亲有哪些不同。妻子列了很多条，最后一条是："我的父亲没有那么爱我，而我的丈夫却是真的爱孩子。"说完妻子就哭了。她说："我忽然意识到，我反抗的不是我的丈夫，而是我的父亲。我保护的不只是我的孩子，还有小时候的自己。我忘了丈夫是一个完全不同的人。"

听她这么说，丈夫很温柔地搂着她，安慰她说："对不起老婆，是我不对，我不该发脾气，我会好好改的。"

从此以后，看到丈夫在管孩子，妻子总会提醒自己，那不是她父亲，而是爱孩子的丈夫。她逐渐做到了给丈夫独立管教孩子的空间。而丈夫原先对孩子发脾气，其实有一半是因为妻子的干预，真正发脾气的对象是妻子。现在既然妻子给了他空间，他的脾气也就减少了。

理解了伴侣和父母的不同，你才能把伴侣当作一个全新的、完全不同的人来看待，才能创造属于你们的新经验。

接受伴侣对你的影响

制造新经验的第三个途径，是接受伴侣对你的影响。

一对伴侣结婚以后，一定会给彼此带来一些新的经验。如果接受这种经验，就可以做出相应的改变。每当来访者抱怨自己受原生家庭的影响太深，没法改变时，我就会说："不是你的原生家庭对你的影响太深，而是你的伴侣对你的影响还不够深。你不愿意接受他的影响吗？还是他没有努力影响你，他的影响力不够呢？"

当我们这么想时，原生家庭的问题就会变成夫妻关系的问题，而这是我们现在就可以面对和处理的。

我曾见过一对夫妻，妻子说："我父母经常争吵，在我30岁时，有一次回家，家里满地碎片。所以我从小就有一个不想要的婚姻的样本。我知道什么是我不想要的，却不知道什么是我想要的，直到遇到我先生。先生来自这样一个家庭：丈夫回家，总有热度刚刚好的茶水、温度刚刚好的饭菜，家里说话的声音不会超过40分贝。我们第一次约会时，先生给我夹了一个馄饨。我从来不知道世界上还有这样的人，给对方夹馄饨时，会先吹一口气，把它吹凉。"

这对来自不同家庭的夫妻结婚后，各自从原生家庭带来的东西在新家庭中不断碰撞。最开始两人发生矛盾时，妻子总会发很大的脾气，这是她从原生家庭学来的经验。而丈夫总是会痛苦地躲开，这是他没有过的经验，他不知道怎么处理妻子的脾气。

慢慢地，妻子从丈夫身上看到一种安定，学会用另一种更平和的方式来表达自己的需要和关切，而丈夫也开始理解妻子的脾气，而不是被她吓跑。一旦他们接受了彼此的影响，两个人就变得越来越默契。

妻子说，以前她担心父母吵着吵着就把自己忘了，可是她知道先生会一直把她放在心里，放在眼睛里。"被看见"是她收获的最好的新经验，这种新经验是先生带给她的，并给她带来了巨大的改变。

爱的练习

♥ 你从父母的婚姻中学到的最重要的东西是什么？它如何影响你现在跟伴侣的相处？

最重要的东西：

对你的影响：

02

如何处理与自己原生家庭的关系

从离开原生家庭，到建立新家庭，到养育自己的孩子，直至孩子离家，**家庭的发展有一个特别的线索：忠诚的转移。我们慢慢从忠诚于父母，进化到忠诚于自己的内心，再到忠诚于我们的配偶和子女。**我们的父母曾带着不舍从我们生活的舞台中央谢幕，我们作为父母，也会从孩子生活的舞台中央谢幕。生命就在忠诚转移的过程中不断传承。

如果一对夫妻忠诚转移得顺利，就会和原生家庭形成既亲密又有边界的关系，把主要精力和情感放到自己家庭的经营上。如果转移得不顺利，虽然已经结婚，两人的目光仍然停留在原生家庭上，很容易造成夫妻关系的新矛盾。

夫妻要避免成为各自原生家庭的代表

忠诚的转移并不容易。因为对原生家庭的忠诚早已融进我们的血脉。我女儿才6岁，有一次我问她长大以后想做什么，她说要挣很多很多钱，给爸爸妈妈花，带爸爸妈妈去旅游，还要给爸爸妈妈买三层楼的大房子。

孩子虽然还很小，但她所设想的目标是爸爸、妈妈和我一家人的未来。这种对原生家庭的忠诚会一直持续到她长大。

在我的故乡，女儿出嫁有一套复杂的习俗，其中之一就是女儿和妈妈互相抱着痛哭。哭不只意味着女儿与妈妈告别的不舍，也意味着女儿与旧身份的告别。从此以后，她就不单纯是妈妈的女儿了，更是丈夫的妻子。对丈夫来说，成家也意味着从原来的家庭里独立出来。成为夫妻，就意味着必须把对原生家庭的忠诚转移到伴侣和小家庭上来。原生家庭是曾经的家，和伴侣、孩子的家才是现在要努力经营的家。

忠诚的转移很像移民。你从母国移民到新的国家，并发誓效忠于新的国家。但在很长一段时间里，你对母国的依恋并不会消失，你对新国家的忠诚则需要逐渐建立。如果母国和新国家之间关系不错，那你还能游刃有余地应对；如果母国和新国家关系不好，甚至有不可调和的矛盾，那你的内心就会经历很多痛苦和撕裂。

我曾见过两个快要结婚的年轻人。女方家根据当地习俗，向男方家要20万元彩礼，男方家觉得太多了，就让儿子跟女朋友商量能不能减少一点。但这个女儿很孝顺，一直为自己的家庭据理力争。这时，两个人就不再是一对恋人，而变成各自原生家庭的谈判代表。他们都指责对方没有为自己的家庭着想，拼命维护自己家庭的利益，最后彩礼没谈成，两个人也不欢而散。

不只是恋人，结了婚的夫妻也很容易不自觉地维护原生家庭的利益，夫妻双方成为各自原生家庭的代表。一旦他们以这样的身份相处，就很容易导致关系的空心化。

我曾见过一对夫妻，双方父母轮流帮他们带孩子。这本来是件好事，却成为夫妻矛盾的开端。丈夫觉得妻子不待见自己的父母，对自己的父母很不公平，所以总想出面维护父母的利益。妻子同样总是维护自己父母的利益。

有一天，夫妻俩带孩子在小区里散步，一个邻居问："这孩子好可爱，谁在带这个孩子呢？"妻子随口说："我爸妈。"丈夫听了很生气，回去质问妻子："凭什么只说你爸妈，不说我爸妈？他们这么辛苦，你怎么能提都不提他们？"妻子也很生气："你也太敏感了，我说的不是我爸妈，明明是我们爸妈。再说了，你爸妈带孩子的时间哪有我爸妈多？"两人因此吵了起来。

为谁的父母功劳大而争吵，意味着他们之间有一条明显的边界，把他们归到了各自原生家庭的阵营中。

原生家庭并不是妨碍夫妻建立新家庭的敌人。夫妻不需要，也不可能完全脱离原生家庭。但是，要想让新家庭真正建立起来，忠诚的转移就是不可避免的。

父母要接受子女的"背叛"

在讨论原生家庭的问题时，人们很容易把它简单化，要么认为年轻人都是离不开父母的"巨婴"，要么认为父母都是不肯放手的反面典型。但在真实的世界里，往往没有绝对的对错之分，忠诚转移的过程本身就是很艰难、很复杂的。

对原生家庭而言，子女要脱离出去成立新家庭，父母虽然心里知道这种"背叛"是可以理解的，仍然会感到痛苦。对夫妻而言，夹在现在的家庭和原生家庭之间，也常常会左右为难。

我曾见过一对准备结婚的恋人。男生是很有才华的设计师，很早就到外面闯荡，对原生家庭没什么特别的眷恋。女生家里经营着一家公司，家人都期待她学成归来，继承家业。

两个人相爱以后，父母很自然地要求女生回家工作，跟他们一起管理公司。所以男生也跟着一起过来，在公司里做设计。

女生为了在公司站稳脚跟，总是强调公事公办的职业形象。男生也想融入公司，有时会给女生提一些自己的意见和想法，却经常被女生否决。因此男生觉得自己根本不被重视和尊重，两个人逐渐疏远。

按计划，他们即将举行婚礼。可是因为这种疏远，所有人都开始犹豫。女生的父母并非不开明，只是担心女儿受气，劝女儿如果相处不好，干脆分手算了。

在咨询中，女生对男生说："我觉得你根本不能理解我的难处，我夹在你和我的家庭之间左右为难。一方面是父母的期待，一方面是你的要求，你根本不能体谅我的感受。"男生却回答："我也想体谅你，可是自从我们回到你家以后，我一直感觉不到你是和我在一起的。你跟你的家庭在一起，有事情一起商量、一起决定，而我只是等着你们决定的外人。"

这种"外人"的感觉，就是两个人的小家庭共同体被破坏的感觉。

当女生过于强调自己"管理者"的身份，公事公办的时候，她没有意识到自己同时失去了"恋人"的身份。而在"管理者"和"恋人"的身份背后，是她对原生家庭的忠诚和对新家庭的忠诚在"打架"。

他们的困局就是典型的新家庭建立时会遇到的难题。怎么解决这个难题？我给他们讲了一个故事：从前有个公主，从小住在城堡里。父母都很爱她，希望她一直住在城堡里，长大以后继任王位。有一天，城堡外来了一位骑士，很快赢得了公主的芳心。公主想跟着骑士离开城堡，又舍不得父母，她期待骑士把自己从这个矛盾中拯救出来。而骑士想带走公主，又不知道公主是否真的愿意跟自己走，就在城堡的门口徘徊。久而久之，公主埋怨："骑士，你为什么不闯进来把我救走？"骑士也埋怨："公主，你为什么不帮我开门跟着我走？"两个人就这么僵持在这里，进退两难。

讲完这个故事，我转头问男生："那么骑士，你要不要带公主走呢？"他沉默了足足两分钟，终于鼓起勇气拉着女生的手说："请你跟我走吧！"女生问："去哪里？"男生说："去创造我们自己的家。"女生很感动，轻轻地说："我愿意。"

咨询结束后，男生带着女生，好好跟女生的父母谈了一次。他跟女生父母说："请你们把女儿嫁给我，你们放心，我一定会好好待她的。"女生父母点头答应了。其实，他们也在犹豫的困局里挣扎，男生的主动把他们从这个困局里解救出来了。

人们常说，恋爱是两个人的事，结婚是两家人的事。结婚成家，意味着你要把忠诚从原生家庭转移到自己的小家庭，致力于营造新家庭的共同体。这个过程需要双方原生家庭和小家庭的共同努力。

对父母而言，他们需要理解，子女的这种"背叛"是长大的必然。**成年子女离开家，组建自己的小家庭，这不是问题；子女对父母过于忠诚，以至于离不开家，这才是问题。**父母需要把自己的担心收起来，让子女自己决定自己的人生，同时恭喜他们长大成人。子女的长大成人，也是父母的成功。在影视剧中，我们经常能看到开明的婆婆劝儿子好好待自己的媳妇，而受气的媳妇如果跑回娘家，娘家人也会劝她回去解决自己的问题。其实这些举动都是在说："你们才是一家人，你们需要自己解决你们的问题。"

对新婚夫妻而言，他们也要努力维护彼此的共同体。有时候，放弃过时的忠诚，是成长的必经之路。就像故事里说的，不是城堡真的多么坚固，而是骑士和公主没有勇气跨出那一步，去创造属于自己的生活。

爱的练习

💜 成立家庭之前，你与父母的关系如何？你是如何完成从原生家庭到现在家庭的"忠诚转移"的？

你与父母的关系：

"忠诚转移"的方式：

03

如何处理与伴侣原生家庭的关系

如果说夫妻之间是由情感纽带联结的，夫妻与自己的原生家庭之间是由血缘纽带联结的，那么，夫妻与伴侣的原生家庭之间，并没有这样的情感或血缘纽带。在自己的原生家庭和伴侣的原生家庭之间，夫妻会天然地倾向于自己的原生家庭，从而构成一种微妙的竞争关系。如果处理不好，这种竞争关系会变成夫妻之间的竞争，从而破坏夫妻的共同体。

夫妻 vs. 伴侣的原生家庭

有个读者曾问我："我们家几代人都是知识分子，而我妻子家世代都是做生意的。有时候她会看不惯我们家，觉得我们家人太清高、太书生气。我也看不惯他们家，觉得他们太庸俗、太市侩。我们经常因此争执，有时候也会暗中较劲，总想证明自己的价值观是对的。"

我问他："你看到了自己原生家庭的价值观，也看到了你太太原生家庭的价值观，那你们这个家庭的价值观是什么样的？你们想建立起什么样的价值观？"

之所以这么问，是因为这对夫妻的问题，表面看起来是因为两个原生家庭的"价值观"不一样，其实是因为夫妻不自觉地站到了两个对立的阵营里。我问这个问题就是要提醒他，你和妻子站在一起才对，小家庭的价值观才是重要的。就像两个来自不同国家的移民，本土的文化孰优孰劣其实不重要，重要的是在新国家建立起自己的文化。

从家庭结构的视角出发，一对夫妻结婚以后，无论是他们自己还是各自的原生家庭，都要有一个意识：在新的家庭结构中，自己该站在哪个位置。**合理的结构应该是夫妻站在一起，并且与各自的原生家庭有一个适当的边界**。从感情上来说，夫妻对伴侣的感情，应当比对原生家庭更为亲密。如果每个人所站的位置都是对的，那彼此之间就不容易产生矛盾。但是，真实的家庭关系往往很复杂，我们和对方的原生家庭之间很容易形成微妙的竞争关系。

婆媳关系难题

我们和伴侣的原生家庭之间微妙的竞争关系，在婆媳之间尤其容易发生，从而造成了让很多家庭苦恼的婆媳难题。

作家六六曾经写过一本小说《双面胶》，讲的是一个家庭的婆媳矛盾如何演变成家庭的悲剧。本来恩爱的一对夫妻，在婆婆到来后，婆媳矛盾和夫妻矛盾都逐渐激化，后来因为一次激烈的冲突，儿子在母亲的怂恿下失去理智，杀死了妻子。这当然是一种非常夸张和戏剧化的表达，但确实说尽了婆婆、媳妇、老公三人相处的艰难。

为什么婆婆和媳妇之间相处这么难？表面的原因很简单：老公是自己选的，但婆婆是"买一赠一"送的。媳妇跟老公之间是有感情的，跟婆婆却未必有。很多媳妇只爱自己的老公，并不喜欢老公的妈妈。两个不爱的人生活在同一个屋檐下，要配合着一起做事，自然会有很大的问题。

有的人可能会想：一家人应该相亲相爱，如果媳妇不爱自己的婆婆，那就是媳妇不对，是她不孝顺。

事实并非如此。如果说，夫妻之间是靠情感联结在一起的，讲情不讲理；婆婆和媳妇之间，反而是讲理不讲情。婆婆和媳妇要靠尊重和规则来维持彼此的关系，即使互相都不那么喜欢对方，为了这个家和共同爱的人，也需要保持一份表面上的尊重。可是，保持表面的尊重并不容易，背后有更深层的心理原因。

我见过一个家庭，最初婆婆和媳妇不住在一起，一家人相安无事。后来有了孩子，婆婆就到家里来帮着带孩子，矛盾开始出现。

媳妇对婆婆每次洗碗之后不把碗晾干、孩子喂奶的频率、带孩子的方式都有很大意见。而婆婆听到媳妇的意见后，嘴上什么都不说，实际却一点儿都不改。情况就变成了媳妇追着婆婆说："我跟你说过多少次了！"婆婆则用沉默来抵抗。老公看妈妈这么委屈，有时会帮妈妈说妻子，因此妻子和丈夫的关系也变得十分不好。

当一个家庭有另一个女人出现时，两个女人之间实际上是有一定竞争关系的。除了竞争丈夫的情感外，还有一个核心问题：**这个家到底谁说了算？谁才是这个家真正的主人？**

这个妻子做的所有事情，都是为了告诉婆婆：我才是这个家的主人，你得听我的。如果在这件事上没有得到确认，那么孩子的养育方式、家具的摆放、做什么菜，以及老公应该听谁的，都会变成争论的议题。

有些婆婆愿意顺从这个规则，"听你的就听你的，我承认这是你家"，但并不是所有婆婆都愿意承认这一点。一来，儿子是自己这么多年拉扯大的，妈妈和儿子的感情恐怕不会比夫妻感情浅，儿子不能娶了媳妇就忘了娘；二来，人们都说尊老爱幼，自己年纪比媳妇大，养孩子也比媳妇有经验，凭什么都听媳妇的？三来，自己是来帮忙带孩子的，这么辛苦，媳妇连一句感激的话都没有，还整天埋怨，凭什么？

婆婆的抱怨不是没有道理。这时候就轮到老公左右为难：帮妈妈还是帮媳妇？帮媳妇，显得自己不孝顺，还让妈妈难过；帮妈妈，媳妇又会不高兴。

有的老公本能地选择帮妈妈，还有的老公会说："看具体的事，谁有道理帮谁。"这看起来很明事理，其实逃避了真正的问题。因为婆婆和媳妇并不是为具体的事情争吵，而是为事情背后的家庭角色，也就是谁是这个家里的女主人争吵。无论具体的事情是什么，老公必须在这件事上有所表态。

如何处理和伴侣原生家庭之间的关系

如何处理和伴侣原生家庭之间的关系呢？我有三个建议。

把伴侣的原生家庭当作重要客户来对待

你可以把伴侣的原生家庭当作重要客户，试着以维护重要客户的精神，与伴侣的原生家庭相处。

很多人觉得，既然我已经和伴侣结婚了，就应该把伴侣的原生家庭当作自己家一样，相亲相爱才对。这当然是理想状态，但对于大部分夫妻来说，跟对方结婚是因为感情，跟对方的原生家庭并没有那么深的感情基础。所以，如果你和伴侣的原生家庭相处得不好，需要的并不是努力培养相亲相爱的深厚感情，只要做到尊重和客气就可以了，否则很容易因为期望过高又做不到而产生矛盾。

如果你不喜欢伴侣的原生家庭，不妨想一想，如果伴侣的原生家庭是你重要但不那么喜欢的大客户，你会怎么办？你会想要改变他们吗？会要求他们跟你有一致的价值观吗？会因为他们怠慢了你而不接他们的单子吗？我想大部分人都会把这些不愉快放下，注重礼节，保持体面和周到，甚至有时候还会去想他们需要的是什么。

事实上，伴侣的原生家庭就是你最重要的客户，大概率还是终身制的。所以你应该想的，不是如何跟他们竞争，而是怎么维护好这种客户关系，一直把单子做下去。

而且，把伴侣的原生家庭当作客户，本身就是在夫妻和原生家庭之间划定边界。

我曾见过一对年轻的夫妻，他们继承了家庭的产业，两个人都很努力，非常辛苦，企业也做得有声有色。

可是丈夫家庭里的其他成员却不太长进，不好好工作，花钱还总是大手大脚。慢慢地，妻子就开始心理不平衡，觉得我们这么努力，凭什么他们享受，还不知道感恩。

我问妻子："你这么辛苦地付出，是为了老公还是为了老公的家人？"她说："当然是为了我老公，为了他家人，我才犯不着呢！"我说："对啊，你这么辛苦是为了老公，不是为了他们。所以欠你的人是你老公，并不是你老公的家人。他们既然没有欠你什么，自然也不需要感恩你什么。"

这么说，其实是在提醒妻子，当她因为丈夫的家人而感觉不平衡时，她就超越了自己与伴侣的原生家庭之间的边界。

有时候，我们会期待对方的原生家庭尊重夫妻的边界，可是有些时候，我们也会忘了要为自己跟伴侣的原生家庭划定边界。比如，无论多看不惯，也不要去评价伴侣家庭的是与非，要把它当作"客户"的事；不要当一个"心理学家"，去分析伴侣的原生家庭给伴侣带来了什么影响。这样，我们跟伴侣原生家庭的相处就会变得容易一些。

维护伴侣，把伴侣放在家人之前

婆媳之间的矛盾，丈夫究竟应该听谁的？我的答案是，听妻子的。

当妻子和母亲产生矛盾时，丈夫应该站在妻子这边，维护妻子的地位。这个原则也同样适用于女婿跟丈母娘家的关系。

在家庭关系里，夫妻是最重要的子系统，也是家庭的支柱。前文说过，如果夫妻中的一方和孩子结成了联盟而孤立另一方，这个家庭就会变得不稳定。同样，如果夫妻中的一方和各自的原生家庭结盟而把伴侣孤立，那夫妻的子系统就会失去它的功能，同样会导致家庭的不稳定。所以，有一些妻子会生气地对丈夫说："你既然这么维护你妈，那就跟你妈过得了！"

要做到把伴侣放在家人之前，最难的地方在于，父母和子女有天然的亲近感。要克制这种亲近，和伴侣站在一起，就必须和自己的原生家庭保持距离。

父母总是疼爱自己的孩子，甚至比疼爱伴侣更多一些。一个陷入婆媳矛盾的婆婆说："二十多年来，儿子吃什么、穿什么、用什么都是我操心，我把他照顾得好好的，没让他受过一点委屈，吃过一点苦。可是他老婆对他一点都不好。我怎么能忍受他结了婚之后，反而过得不如从前呢？"

面对妈妈的难过和心疼，儿子要坚定地跟妈妈说："这是我们自己的问题，我们会处理好的。"也许这么说会让妈妈更难过，可是为了自己家庭的顺利运作，就必须做到。

如果丈夫这么说，妻子就会知道丈夫是站在自己这边的，自己才是家里的女主人，她就会行使女主人的职责，维持家庭的和谐稳定，包括处理好和婆婆的关系，让家庭运转得更好。相反，妻子如果不确定自己家庭女主人的位置，就很难去思考如何维持家庭的和谐稳定，只会在意怎么做才能夺得这个位置。

家庭的经营其实有点像公司或组织：先确定组织的领导核心，组织才能有效运作。夫妻永远是家庭的领导核心，妻子需要的不是一个虚幻的权力，而是丈夫实实在在地在情感上支持自己，和自己站在一边。只有这样，他们才能一起处理家庭里的各种难题。

除了把伴侣放在原生家庭之前，我还有一个建议：如果你为伴侣和家人的关系太近而愤愤不平，记住，永远不要逼你的伴侣在你和他的家人之间做选择。要知道，这种选择是十分痛苦的，如果你逼着对方做选择，他就会觉得你根本不体谅他。如果他选择了原生家庭，你会受伤；如果他选择了你，你会有负担，他会有愧疚。他会想：我都为你背弃我的家庭了，你还想怎么样？如果妻子觉得自己在家庭里的地位受威胁，逼着丈夫在自己和婆婆之间做选择，丈夫很有可能会因为妻子的逼迫而更不愿维护妻子，觉得她不可理喻。这很容易让夫妻关系失去平衡，最终伤害彼此的感情。

丈夫主动维护妻子的位置，妻子保持宽容，这是所有家庭的幸福之道。

回到夫妻关系来解决问题

有些问题看起来是婆媳矛盾，本质上还是夫妻之间的问题，需要夫妻自己解决。

我曾见过一对年轻夫妻，过年时老公的家人过来一起生活，一家人就开始闹别扭。忍无可忍之下，妻子跟婆婆说："你看你没来，我们过得挺好，你一来，我们矛盾多了，家里也不痛快了。"结果丈夫在旁边悠悠地说："原来我们也没那么好。"一句话让妻子瞬间气炸了，和老公大吵了一架，甚至闹着要搬出这个家。

妻子说："我其实并没有那么生婆婆的气，毕竟她是一个外人。她来了，我只是觉得不自在。但真正伤我的是我老公，我气他在我和他妈妈有矛盾时，不仅不帮我，居然还要呛我。我气他在我受伤害时，不仅不保护我，还跟着他们一起来欺负我。"

在婆媳发生矛盾时，妻子真正生气的对象其实不是婆婆，而是老公：在冲突发生时，你没有看到我受伤了；在看到我受伤时，你没有维护我、保护我；在需要选边时，你背叛了我，却还怪我不够体谅。

既然问题的根源是夫妻关系，就需要夫妻自己来解决。这需要夫妻双方创造解决问题的空间。比如有的妻子在亲密关系出现问题时，会向自己的原生家庭寻求支持，明智的父母会说："这是你们的问题，需要你们自己处理。"甚至还会帮女婿说几句话。而不明智的父母就会替女儿出头，去跟女婿讨说法。一旦父母介入，矛盾的处理就会变得更加复杂。这种举动本身也许是为了解决问题，但很容易让丈夫有"妻子跟自己的原生家庭才是一家"的感觉，这是丈夫最难接受的。

在伴侣面前，我们可以试着坦诚地讲出彼此的需要和期待，讲出对彼此的委屈和不满。我们可以共同寻找办法，慢慢修复彼此的关系。这样的坦诚和寻找办法的尝试无论是否有结果，本身就在塑造一种"我们才是一家人"的共同体感觉。这是和伴侣原生家庭关系的终极解决之道。

爱的练习

♥ 你和伴侣的原生家庭是否出现过矛盾？伴侣和你的原生家庭呢？
你们是如何解决这种矛盾的？在解决这些矛盾的过程中，你扮演
的角色是伴侣的爱人、原生家庭的代表，还是中立的协调者？伴
侣认可你所扮演的角色吗？

你与伴侣的原生家庭的矛盾：

解决矛盾的方式：

你扮演的角色：

Chapter 6

如何应对
出轨和分离

如果把亲密关系中遇到的困境比作疾病，有些关系难题就像感冒发烧，偶尔来一下，过段时间又会慢慢痊愈；有些关系难题则相当于癌症，处理稍有不慎，就会导致关系的破裂和瓦解。面对这样的危机，伴侣双方就像驾驶着一条小船面对大海的惊涛骇浪，充满了动荡和不安。

如何面对类似于出轨这样的关系难题？

如何应对关系的分离，寻找新的人生故事？

如何减轻离婚对孩子的伤害？

本章会带你一起学习。

出轨的本质

说到亲密关系危机，最严重的情况莫过于出轨。什么情况算是出轨？比如，下列情形算是出轨吗？

伴侣与仰慕的异性发生了情感上的暧昧，但并没有发生身体接触；

伴侣和其他异性有搂搂抱抱的身体接触，但没有发生性关系；

伴侣与其他异性发生了性关系，但只是寻欢作乐；

······

因为这种模糊性，面对质问，伴侣也许会这样为自己的行为辩护：

"我没有出轨，只是找了一个情感寄托。"

"我只是抱了别人一下，这又不代表什么。"

"我只是玩玩而已，你才是我的爱人。"

他的意思是，我只是犯了一个小错误，并没有不爱你。

其实，纠结这些情形是不是出轨并没有太大意义。**出轨的本质是最亲密的人背叛了你。所以出轨的核心不是事实认定，而是这种因为感觉被背叛而导致的信任坍塌。我们要处理的，也是遭遇背叛后的信任重建。**

出轨是对心理契约的背叛

一对情侣在决定走进亲密关系时，会在心里签订一个隐形契约，虽然不像商业合同那样白纸黑字，但两个人会对契约的内容形成一种默契，并且彼此心知肚明。

不同的伴侣，心理契约的内容也各不相同，比如有的伴侣能够接受对方有异性知己，有的伴侣允许对方与其他女性发生性关系，只要不投入感情……不过，无论心理契约是什么，只要一方觉得被背叛了，那他在亲密关系中所遭遇的，本质和出轨是一样的。下文不再区分这些情形，将其统一称为"出轨"。

大部分伴侣的心理契约是基于依恋关系的，也就是说，他们要求双方在感情和性上必须是唯一的。人们对基于依恋的亲密关系有一些非常稳固的信念，比如：

"无论我们之间有什么矛盾，他都是爱我的。"

"我是他的唯一，是他不可或缺、不可代替的人。"

"他不会背叛我，是我可以信任和托付终身的人。"

伴侣双方的依恋情感越牢固，这些信念就越坚定。两个人在这些信念的基础上经营亲密关系，彼此牢牢地连在一起，同时无意识地维护这些信念。所以，其中一方在遭遇出轨时，会受到巨大的心理冲击。

为什么他会出轨

在遭遇出轨后，人们首先会想的问题是：为什么他会出轨？

第一个原因，也是最容易想到的原因，当然是"他不好"。出轨的一方人品低劣、道德败坏、无情无义。这个答案的背后是一个人因为被背叛而对伴侣产生的巨大愤怒。

"他不好"是出轨的原因吗？有些是，有些不是。出轨的人中，有视感情如儿戏的，也有情深义重的；有缺少责任担当的，也有踏实稳重的；有不顾家的，也有顾家的。我们很难单纯通过一个人在其他方面的道德品行来判断他会不会出轨。

所以，就有了第二个原因：既然不是"他不好"，那是不是"我不好"？

在发现伴侣出轨时，人们往往忍不住把自己跟伴侣的出轨对象作对比。当发现对方身上有自己没有的优点时，常常会自惭形秽，觉得一定是自己不够年轻、不够有魅力、不够温柔体贴……伴侣才会移情别恋。这种想法会带来深深的羞耻感，通常还伴随着愤怒，觉得伴侣出轨是对自己的羞辱。

"我不好"是出轨的原因吗？同样有些是，有些不是。在出轨的人中有一个普遍现象：他在别人身上发现了伴侣没有的特征并因此被吸引。可是，深入交往以后，他又会怀念伴侣有而出轨对象没有的特征。**所谓的"好"或"不好"，大多数时候只是人对于没有得到的东西的一种认知偏见。**

既然不是"他不好"，也不是"我不好"，那就有了第三个原因：是两人的感情不好？

一些观点认为，人们之所以会出轨，是因为伴侣之间的关系本来就有裂痕。出轨不是原因，而是结果。两个人无法平衡的矛盾，通过第三者达到了某种平衡。有些情况可能确实如此，比如出轨满足了一些人在亲密关系中无法满足的需要或欲望，获得无法从伴侣身上获得的爱慕、认可与接纳。有时候，亲密关系本身存在很多矛盾和问题，于是一方通过出轨来逃避矛盾产生的压力；还有些时候，出轨是在无意识地提醒伴侣："不要忽略我""再对我不好，我可能会逃走"；甚至有的人会通过出轨来加强自己在亲密关系中的权力，提高自己的地位。

但这种说法最大的问题，是把出轨的责任从出轨方平摊到两个人身上。它好像是说：因为我们没有相处好，所以我才出轨的。这个结论并不成立，亲密关系本来就不能满足人所有的需要和欲望。伴侣关系的好坏，并不是出轨的唯一原因，更不是为出轨辩解的理由。毕竟所有亲密关系都会产生矛盾和问题，但不是所有的矛盾和问题都会导致出轨。

出轨是各种因素交汇的结果

那到底是什么导致了出轨？出轨的原因其实很复杂，是各种因素交汇的结果。这些因素包括亲密关系的现状、未被满足的需要和欲望、所处环境的诱惑、对忠诚和风险的价值判断、自身所处的人生阶段、所处的关系和环境对出轨的容忍度、在什么样的情境下遇到出轨对象、出轨对象对出轨起了什么样的作用，等等。

出轨是关系、个人和情境综合作用的结果，背后是一个人最根本的欲望和需要，以及最复杂、最矛盾的内心冲突。只能说，人都是渴望爱的，但爱并不是忠诚。忠诚更像是为了维护爱所付出的代价，只是有的人并不想承担这个代价。

在咨询中，遭遇出轨的伴侣会花很多心思分析为什么他们会遭遇这件事，这时我会跟他们说："无论伴侣出轨的原因是什么，都已经不重要了。你不需要因为对方出轨而贬低自己，或者否定你们的感情。这不是你的错，也不是你们感情的错。现在最重要的是你们要怎么处理它。"

事实上，并非感情有问题的伴侣才会出轨，有时候，感情深厚的伴侣同样可能会遭遇出轨。出轨存在一定程度的意外性，从这个角度来说，它既是人祸，也是天灾。是否会遭遇出轨不是区分伴侣感情好坏的标志。感情好坏的区别在于，两个人能否从这样严重的情感危机中恢复，重建对彼此的信任。

恩爱的伴侣因为在日常互动中建立起了依恋的信念，遭遇出轨后，会更容易相信对方仍然是爱自己的，所以更有利于重建信任；因为情感账户有更多盈余，他们能一起应对感情危机；因为有良好的互动模式，他们能更好地处理这些问题。不是不委屈，而是有时候，爱会战胜委屈，让两个人继续走下去。

爱的练习

❤ **假设你遭遇了出轨，试着回答下面的问题。**

出轨给关系带来的伤害是：

我的选择是：

我这么选择的原因是：

为此我要克服的委屈和困难是：

02 如何进行关系的重建

在亲密关系中，一方遭遇出轨后，除了分析对方出轨的原因，通常还面临一个重要问题：接下来怎么办？

这个问题没有标准答案。出轨不一定要选择原谅，也不一定要以分手结束。在公共舆论文化中，有一种"痛恨小三""痛斥渣男渣女"的风气，似乎在暗示既然出轨了，就一定要分手。但是，现实中的夫妻遭遇出轨的情境要复杂得多。很多时候，就算遭遇了出轨，夫妻之间还是有很深的感情。在没有遭遇出轨时，这些人可能坚定地认为，只要对方出轨，我就一定分手。但真的遭遇伴侣出轨时，他们却变得退缩犹豫；他们想要挽回，又憎恨自己没有原则，背叛了自己。这其实没什么好自责的，想法可以转变，决定可以更改，这算不上对自己的背叛。

但这确实是一个两难的选择。选择原谅，被出轨的一方需要忍受被背叛的伤痛和对关系的怀疑；选择分手，内心又有很多依恋和不舍；更何况，还有被再次伤害的恐惧和担心。亲密关系就在这个过程中来回撕扯，不断消磨。

遭遇出轨后，亲密关系的发展方向

出轨发生后，亲密关系双方通常会经历剧烈的情绪波动、进退两难的内心煎熬、痛苦的争吵博弈……在这个过程中，亲密关系逐渐会往三个方向发展。

就此分开

在一起是两个人的事，但分开只要一个人下决心就够了。如果出轨方决定结束这段亲密关系，或者被出轨方决定不原谅，那这段关系就结束了。这时，两个人最重要的课题是如何好好分手，以及如何医治关系结束留下的伤痛。

在咨询中，我会请去意已决的一方看着伴侣，认真回答"你们还有没有可能继续在一起"，如果他说不可能，我会对另一方说："无论你有多舍不得这段感情，无论这件事有多难面对，你都需要去面对它。这就是一个事实。"

有的人会想："凭什么他出轨了，却是我离开，把他留给别人？我就是要留下来惩罚他，不让他心满意足。"事实上，不是你把他留给了别人，而是你给自己一个机会，从纠缠、痛苦的关系中解脱出来。你的人生还有很多价值，不应该为了惩罚他而消耗。更何况，留在一段注定要结束的关系里，看似是在惩罚他，其实是在惩罚你自己，甚至你受到的伤比他还重。所以，假如对方真的不愿回头，你的重点应该是如何走出分离的伤痛，以及如何重建你的生活。

带着未治愈的伤痛，貌合神离地在一起

有时，因为一方在经济上依赖另一方，或者双方都想给孩子一个完整的家，或者因为家人、社会舆论的压力，关系破裂的双方选择继续生活在一起，但未被处理的伤痛会变成两个人的巨大隔阂。

有的伴侣为了维持表面的和谐，刻意不去讲出轨的事情。这就好比房间里有一头大象，两个人却装作看不见。但越是逃避，这件事对关系的影响就越大，最终导致亲密关系空心化。两个人虽然在一起，却没有亲密的交流，很难真正靠近，反而会越来越疏远。

这样的关系是痛苦的。虽然夫妻不讨论出轨，可是委屈和愤恨的情绪会在日常琐事中表现出来，变成关系中的定时炸弹。我见过一对夫妻，关系一直不好，无论什么事都会引发争吵。在咨询中，妻子说出了自己的委屈。她咬牙切齿地跟丈夫说："你自己想想，我刚生完孩子躺在病床上的时候，你是怎么对我的？居然背着我跟别的女人打情骂俏！我当时也是没办法，孩子刚出生，所以只让你删了微信，没有追究，但是你别以为这件事就这么过去了，我一辈子都会记恨你！"

虽然这件事过去快10年了，可是因为没有处理，妻子一直记恨老公。他们从来没有认真地讨论过这件事，把它变成了日常生活中漫长的矛盾，时不时蹦出来扎一下彼此的心。

修复关系，把出轨变成亲密关系中的插曲

这是最理想的状况。出轨是亲密关系中的重大创伤，但受伤并不意味着终结。一些伴侣能够从亲密关系的创伤中复原，对彼此有更多的了解，两个人的关系反而有劫后余生的亲密。

我接待过很多遭遇出轨的家庭，并帮不少家庭从出轨的阴影中走出来，最后丈夫变得更了解妻子的感受，妻子也变得更加宽容。一个丈夫说："以前我总是挑妻子各种毛病，怀疑我们不合适。可是等我出轨了，真的要失去她时，我才发现原来这段关系对我这么重要。那段日子太痛苦了，现在我们好不容易平静下来，实在不想再去经历了。"而一个妻子说："以前我总是因为一些小事跟丈夫吵架，经历那件事以后，我就觉得这些矛盾实在太小了，不值得争吵，所以就不在意了。连这么大的伤害都放下了，何必再去计较这些小事呢？"

在传记《当呼吸化为空气》[1]中，作者保罗医生原本跟妻子因为工作繁忙产生矛盾，两人甚至讨论过离婚。但是保罗得了癌症后，妻子全力守护，和保罗一起面对病魔。在这个过程中，两个人的感情变得越来越好。甚至在保罗去世以后，妻子说："我比以前更爱他了。"

有时候，危机会让两个人更加亲近，因为危机引进了一个最大的敌人，需要关系双方同心协力去应对，保护彼此的感情。在这个过程中，两个人紧密地站在了一起。出轨也是这样一种危机，虽然这个危机是由伴侣造成的，并且需要更大的宽容和谅解才能渡过。这个危机会让

---

1 〔美〕保罗·卡拉尼什：《当呼吸化为空气》，何雨珈译，浙江文艺出版社2016年版。

夫妻看到，两个人在一起不是理所当然的，如果不好好经营，关系可能会破裂。这种可能性会促使两个人珍惜彼此的感情。

修复关系的前提条件

危机的渡过，需要以修复彼此的关系为前提。经历过创伤和危机的亲密关系，若想修复，需要一个漫长的过程，还需要两个基本的前提条件。

出轨方断绝和出轨对象的联系，并愿意回归家庭

如果出轨方无法切断与出轨对象的关系，或者口头答应不再联系，实际上并没有这么做，那么伴侣双方的关系就会一直处于不安之中，两人也就没有修复关系的基础。

从发现伴侣出轨到与伴侣分手，通常是一个不断拉扯的过程。这个过程包括：怀疑出轨，证实出轨，争吵，对方发誓回归，原谅，发现对方还在跟出轨对象联系，重新开始争吵，直到一方被伤透了心，彻底不再信任另一方，两个人才开始考虑分开。

出轨刚被发现时，出轨方常常会心怀侥幸，看到伴侣的纠结、难过、愤怒，他会想：也许我可以维持现状，同时跟两边保持关系，或者至少拖延一段时间再解决。甚至他很享受这种"我很重要"，被两边争

抢的状态。

可是他不知道，当他想维持现状或拖延选择时，他其实已经做出了选择。关系常常在这样的拉扯中，失去了修复的最佳时机。

如果想修复关系，出轨方需要有当机立断的决心。当然，这对出轨方来说并不是容易的事。出轨并不像犯个小错误更正一下那么简单，甚至有些外遇维持了多年，出轨方和出轨对象有很深的情感依恋。要断绝这种关系，对出轨方来说，会产生巨大的痛苦和失落。只是作为过错方，他再痛苦，再失落，也很少有人觉得他应该被安慰，就好像他站到了全世界的对立面，没有人去认真理解他的孤独。这些情绪，都需要他自己消化。

有时候，看到伴侣激烈的情绪和不信任的眼神，他也会怀疑：是不是我和她再也回不去了？回归家庭真是一个对的选择吗？这些失落和疑虑越多，他就越难有信心跟伴侣重新走近。有些人会恳求伴侣："给我一段时间让我来处理。"这句话对伴侣来说，则意味着："给我一段时间让我继续伤害你。"因此很难被答应。

回归家庭虽然很难，但如果出轨方想修复关系，就必须克服种种困难，背负愧疚和对方可能的怨恨，用坚定的爱面对一切，在与伴侣日常的相处中，抹平对方心中的伤痛，使对方最终愿意与自己继续携手走下去。这样的关系，一开始就注定会有人受伤。他不伤害另一个，就会伤害自己的伴侣，也许受伤的人里也包括他自己。可是，因为这件事由他而起，他必须做出选择。

被出轨方接受现实，并愿意重建感情

修复亲密关系，同样需要被出轨方克服很多疑虑和困难。

被出轨方的第一个疑虑是：对方出轨了，我们还能重新变成恩爱的一对吗？

在恋爱或结婚时，人们通常会抱持这样简单的信念：爱情或婚姻应该是纯洁无瑕的，如果他出轨，我一定不会原谅他。而一旦发生出轨，美好的想象幻灭，被出轨的一方便进退两难，不知所措。

一个来访者说："我很想原谅他，可是我不知道我们的关系会变成什么样。我没法假装这件事从未发生，没法把这件事从我们的生活里抹去。我听过一个故事：一对夫妻在花园里种树时挖到一具骷髅，他们吓坏了，赶紧把它重新埋好，装作没看见。从此，虽然表面看起来两个人的生活没有改变，但两个人心里都知道那里有一具骷髅。虽然我们选择继续在一起，也只是那对知道花园里有骷髅的夫妻罢了。以前别人说我们是恩爱夫妻时，我总觉得很甜蜜。可是现在如果有人再说我们是恩爱夫妻，我就会很心虚，甚至觉得恶心。"

一方出轨后，两人的关系无法回到从前，这是事实，可这不意味着关系双方不能再成为恩爱夫妻，他们可能会变成不一样的恩爱夫妻。出轨让他们被迫看到关系里更复杂、更真实的人性。可是，真实的人性里也能长出爱情。如果说纯洁的爱情是水里养着的水仙，那真实的爱情就是泥土里的玫瑰。

出轨是夫妻关系的一个劫，如果渡过去，关系会更坚实，如果渡不过去，缘分就此终止。可无论如何，曾经的恩爱应该是彼此渡过难关

的支撑，而不能因为它被污染了，反而变成一种负担。

被出轨方的第二个疑虑是：如果我这次原谅他了，他还会再出轨吗？

遭遇出轨后，被出轨一方会对伴侣产生深深的怀疑：他真的愿意回来吗？我真的可以再信任他吗？不是说江山易改、本性难移吗？我可没法再承受一次伤害。

原谅确实是一场冒险，但是，如果不想放弃关系，就只能接受。对于这场冒险，悲观的理由已经很多，比如有人说，出轨有了第一次，就会有第一百次。

我倒有一个乐观的理由：实际上，大部分出轨的人，在出轨被发现之前，并不知道真实的出轨是什么样的。他们只看到了出轨激情的一面，却并没有真正经历过在两段感情中摇摆不定的纠结、偷偷摸摸的焦虑、伤害爱人的内疚、失去家庭的恐惧。他们也知道出轨会对家庭和伴侣造成伤害，可是只停留在理念上，并不知道实际的伤害有多大。

所以，当出轨被发现，成为家庭危机后，当出轨方真真切切地经历这一切，感受到焦虑、痛苦、愧疚后，他们也会怕。这种怕，反而可能让他们更珍惜和伴侣稳定平静的感情。出轨确实刺激，但并不让人快乐。相反，在短暂的刺激以后，它会让人陷入巨大的痛苦当中。

关系的修复注定是艰难的。重新在一起，需要两个人的决心，也需要小心翼翼的情绪处理。在咨询中，我会对犹豫要不要在一起的伴侣说："你们的爱情曾经是你们那么珍视的东西，现在它生病了，就躺在病床上。医生在动手术之前要找家属签字，想要挽救这段关系，也需要你们共同签字。你们可以不签字，让这段关系离去；也可以签字，尽最大努力来挽救它。现在是你们一起决定的时候了。"

病是很痛的，但并不是所有的病都不好。有时候，病就是一种疗愈关系的方式。

重建关系的四个原则

很多人以为，只要出轨方认错，或者被出轨方原谅，两个人就能重建关系。其实并不是这样，出轨后的关系重建，是两个人在关系出现裂痕的情况下，艰难配合的结果。

遭遇出轨后，被出轨方通常会非常纠结，一个来访者曾说："那段时间我处于完全混乱的状态。一方面我很怕他接近我，每次他在我身边，我都情绪暴躁，非常愤怒；另一方面我又很怕他离开，那会让我很没有安全感。所以我们在一起的时候，我总是喊他'滚'，可是他不在，我又会哀求他回来。"

从依恋的角度看，遭遇出轨后，被出轨方很容易陷入焦虑型依恋，既不敢靠近，又不想远离。对于动荡的情绪而言，对方既是毒药，又是解药。

如果双方想要修复关系，继续在一起，就需要进行关系的重建，虽然很难，但也很值得。具体该如何做呢？可以参考下面四个原则。

出轨方能看到对伴侣的伤害

出轨对关系的第一层伤害是背叛，"我这么信任你，你居然背叛我"。而比它更严重的第二层伤害是无视这种背叛，"明明我受了伤，你却看不见"。

委屈和痛苦是需要被看见的。否则，被出轨方就会通过某种方式来让对方看见，比如吵架，或者通过出轨来报复对方。

有时候，出轨方想要大事化小，小事化了，对伴侣说"这只是个意外""你快点走出来"。他的本意也许是安慰伴侣，希望对方尽快放下。伴侣接收到的信息却是："你受的伤害根本不值一提。"出轨方没有真正看到伴侣所受的伤害，关系的重建就很难发生。

有时候，出轨方已经表示想要回归家庭，并且诚恳地道歉了，伴侣仍不依不饶地生气，出轨方就会想："我都已经回归家庭了，你还想怎样？"也许在心里，出轨方把选择回归家庭当作一种"给予"，觉得对方应该感激他，见好就收，赶快放下。这同样是没有看到对方受的伤害。

在咨询中，遇到这种情况，我通常会对出轨的一方说："我知道你希望伴侣尽快放下，好让你们重新开始。可是他受伤了，不会马上就好。你不需要解释，也不需要判断伴侣激烈的反应是不是合理，更不要把他受到的伤害当作对你的指责。你只要看到伴侣现在很受伤，很需要你的安慰就好。如果你看到了，就告诉他。"

这时出轨的人通常会承认："是的，我看到他受伤了。我只是很怕他怪我。"当面表达这样的信息，会对两个人关系的修复很有帮助。

对于被出轨的人来说，只有伴侣意识到自己对他的伤害，也表现出对他的心疼时，他才能确定：我的伴侣是爱我的，他仍然在乎我的感受。进而相信这件事只是一个意外，以后不会再发生了。只有这样，他才可能有勇气带着伤害重新靠近伴侣。

为什么对出轨方来说，看到伴侣的伤害会这么难呢？因为如果看到伴侣的伤痛，他就会被自己的内疚折磨。所以，他宁可弱化这种伤害，忽视伴侣的伤痛。就像一个妻子控诉出轨的丈夫："我每天省吃俭用，好几年都没买新衣服，连孩子上辅导班都精打细算。只有在给你花钱的时候不心疼，觉得男人就应该穿好一点，不能被别人看轻。没想到你却把我辛苦省下来的钱拿去给别的女人买衣服，在别人面前装大方！"丈夫却坚称自己并没有花很多钱。他不是不知道自己对妻子的辜负与伤害，只是他不自觉地选择了保护自己。

很多人以为，危机中的夫妻应该弱化这种伤害，让伤害快点过去，好让两个人重新开始。但我认为，要想让关系能够真正重新开始，必须经历直面伤害的过程。否则，没有被看见的伤害就会变成今后的委屈和抱怨，让两个人都难以释怀。

所以，在咨询中遇到这种情况，我不仅不会回避伤害，还会努力把这种伤害呈现出来。比如，我会问这位妻子："当你发现你省下来的钱被他用来宠爱别的女人时，你是怎么想的？"我也会问一位妻子出轨的丈夫："知道这件事的朋友会笑话你吗？"

这些问题常常会带出很深的伤痛。但是，我必须创造一个机会，把这些深层次的伤害放到台面上来，让被出轨方讲出来，让出轨方看见。这并不容易，但只有直面它，谅解才可能发生。

对有些人来说，出轨是无心之失。就像一个贪玩的孩子打破了家里珍贵的古董瓶子，他知道这个古董很珍贵，可只有打碎了才知道原来这么珍贵。看到自己打碎了这么珍贵的东西，他会恐慌，拼命为自己的过失辩护。可是他不知道，只有勇敢承认自己的过错，真诚地用行动弥补，才能把打碎的古董瓶子重新黏合起来。

出轨方主动承担修复关系的责任

出轨方要掌握修复关系的主动权，而不能把这个责任抛给对方。愿意承担修复关系的责任，也是看到伤害和请求原谅的一部分。

当被背叛的伴侣无法接受事实、反应激烈，不依不饶甚至无理取闹时，出轨方常常会感到疲惫，无心应对，索性放弃这段关系。比如一个丈夫对妻子说："如果你想在一起，我同意；如果你想离婚，我也同意。房子给你，就让我自己孤独终老好了。"

这样的说法看起来诚意满满，其实包含着一种隐秘的要挟："我就这样，你爱要不要。"尤其是当出轨方知道对方离不开自己的时候。

如果出轨方想要主动修复关系，应该怎么做？他可以这样对伴侣说："是我错了，无论你怎么样，我都会陪着你。你的举动我都可以理解。我会想一切办法让我们的关系重归于好。"他还可以筹划一些修复感情的活动，比如和伴侣一起旅游、逛街等。可能刚开始这些活动并不能让人愉快，因为出了这样的事，双方都没有心情。但是，不要着急，修复关系需要一个过程，在这个过程中，让对方感受到出轨方的用心和诚意，两个人才有可能重新走近。

被出轨方为自己设置反应限度

无论出轨的人多可恶，被背叛的人多受伤，亲密关系的重建都不能只靠出轨方一个人的忏悔和醒悟，也不能只靠被出轨方的隐忍和包容，而是需要两个人密切配合。这并不是说被出轨方要很快原谅或放下，而是要把这件事控制在一定范围内。

遭遇出轨，会让人有很大的情绪反应，甚至产生报复的想法，如果任其生长，必然会影响关系的重建。这时候，被出轨方就需要忍受委屈，为自己设置反应限度。如何设置反应的限度呢？

第一，**对伴侣提出明确要求**。当遭遇伤害时，被出轨方会有很多的指责和抱怨，这是对伤害的应激反应，完全可以理解。可是如果目标是修复关系，那就需要理性地评估这些反应对修复关系是否有好处。

在咨询中，我会问被背叛的一方："我知道你想报复他，可是你觉得怎么样才足够满意，然后开始你们的新关系呢？"面对这个问题，通常他们会迟疑、困惑，表示没有认真考虑过。有些人会说："我永远都不会满足。"那我就会告诉他们，他们也许是在说气话，如果真是这样，这段关系永远都无法重建。

其实很多人真正想要的，就是平复伤害，让关系尽快回到正轨。这时候，我就会鼓励被出轨方提具体的要求。**在短时间内，抽象的关系修复很难，具体的要求却可以做到**。而具体的要求一旦做到了，被出轨方至少不会那么无力，也有了停止抱怨的理由。

当我这么问时，经过思考，有的人会提出具体的要求，比如：

"我要他以后一下班就回家。"

"我要他以后少和异性单独见面。"

然后我会问出轨方："你觉得这些要求怎么样？能答应吗？"

并不是每个要求出轨方都能做到。如果两个人能够商量，亲密关系中的怨恨就不会无限扩大。

第二，**把出轨事件抽象化**。当得知伴侣出轨时，很多人会一遍遍探究自己被欺骗的细节，这些细节又变成受伤的理由，让他们无法放下。探究事情的细节，几乎是人的本能。被出轨方想要了解所有的细节，以便判断自己遭遇的是什么，该做什么决定。这些细节能够给他们微弱的掌控感，也在考验着出轨方坦白的程度以及对这段感情的忠诚度。这些细节会带来巨大的伤害，折磨着两个人。在看到和面对伤害的阶段，这些细节也许是需要的。但一旦决定修复关系，被出轨方就需要尝试把这些细节放下。

我曾见过一对遭遇出轨的夫妻，妻子总是回忆丈夫当时欺骗她的场景，那天她早早做好早饭，帮丈夫收拾好行李，送丈夫去车站出差，再赶回来带孩子。她那么辛苦，那么体谅丈夫，却没想到丈夫是去跟情人约会。每次想起这件事，她都觉得异常痛心，所以一遍遍跟丈夫讲其中的每个细节。丈夫认识到了自己的错误，也想回归家庭，可是不知道怎么处理妻子的情绪。

我对妻子说："我知道这件事让你十分痛苦，但你还想再说多久？"妻子说："我至少还要再说一星期。"我说："那么在这一个星期内，你跟丈夫说这件事的细节时，丈夫必须好好倾听，因为伤害是因他而起。一星期后，你就不要再说具体的细节了，只能说我又想起'这件事'了，'这件事'又让我伤心了。"把出轨的细节抽象为"这件事"，在一定程度上可以冲淡情绪，就好像我们把它打包收起来，不让它轻易出来破坏我们的关系。这样的处理，既保留了妻子诉说的权利，又不至于让妻子一直沉溺于被伤害的情绪中。过了一段时间，妻子的情绪平复了很多，夫妻两人的关系也缓和了不少。

第三，**不要利用受害者身份，把出轨当作增强话语权的砝码。**伴侣出轨了，你当然是一个切切实实的受害者，感到委屈和心痛。但是，受害者身份会带来痛苦，也会带来隐秘的好处，它让你站在道德的制高点上。你越是用它，它就越会被放大，你就越放不下伤害。

我见过一个家庭，夫妻两人因为生活琐事吵架，吵着吵着就会把出轨这件事搬出来。出轨方觉得自己理亏，无言以对，可是心里又愤愤不平，最后就尽量躲着对方。遇到这种情况，我会跟被出轨方说："你们最好专门找时间讨论一下出轨这件事，哪怕那时候你骂死他都可以。但这件事太重了，最好不要在平时就动不动拿出来。人们常说吵架时不能动刀子，出轨就像一把无形的刀子，不能轻易动。否则就算你吵赢了，输的还是你们的感情。"

出轨可能会让关系双方的家庭地位发生变化，比如受伤害的一方变得强势，出轨方变得弱势。这并不是理想的关系重建，被出轨方想要的是能够去爱、值得信任的伴侣，而不是被自己审判着、抬不起头的伴侣。如果总是把出轨当作增强话语权的砝码，出轨这件事会在关系中变得越来越重，两个人也就无法放下伤痛，重新开始。因此，不要用出轨这件事来压制伴侣，也不要把它作为一种道德优势用到生活中的其他方面，这是被出轨的人应该为自己设置的反应限度。

停止追逃模式

在情绪动荡期，被出轨方即使已经决定跟伴侣继续在一起，也很难完全信任对方。为了应对心中的疑虑，他会紧盯伴侣，查问对方去哪里、干什么，事无巨细。出轨方对此苦不堪言，觉得没有私人空间，再次想要逃开，却又因为理亏，逃无可逃。于是两人陷入了一种特殊的追逃模式，不断挤压关系的空间，让双方都难以呼吸。

在这种情况下，被出轨方要努力控制自己，别追得太紧，出轨方也要尝试放弃逃跑的想法，直面伴侣。

在咨询中，我会对出轨的丈夫说："如果你想让伴侣觉得你可以信任，就不能总是逃开，要告诉对方，你会一直在她身边。对方现在缺乏安全感，你应该做点什么来让她放心。否则她就会一直追着你。"

我也会问被出轨的妻子："他需要做什么，才能让你放心？"如果她提要求，那关系双方就可以进一步沟通。如果她说无论做什么都没用，我就会给她两个选择："你可以选择跟随内心的担心，它也许会帮你避免再次受伤，却无法帮你找回爱人。你也可以选择信任他，这样你可能会再次受伤，也可能重新赢得你们的关系。现在请你想一想，你们的关系值不值得冒险。如果你选择了后者，就要努力不让自己那么焦虑，学着信任他。"

有的伴侣会说："他不让我看他的手机，里面肯定有秘密。"其实，当一方提出要看另一方的手机时，已经表达了一种不信任。而无论另一方答应与否，他们的关系已经进入不信任的循环。

　　这时，我会提议一方把手机密码给另一方，主动把检查权交给对方，这代表了一种坦白和尊重。而另一方如果选择不看，就代表他虽然拥有这个权力，却选择信任对方。一方选择了授权，另一方选择了信任，两个人停止追逃模式，重新彼此靠近。

　　对于被出轨方来说，所有这些事都会带来很大的委屈，需要隐忍才能做到。当一些人愤恨地说"犯错的是他，凭什么我要忍受这些"时，我会说："不，你不是在为他做这些，而是为了你想要重新修复的关系。"

　　关系重建的过程通常是痛苦的，并伴随着一定程度的反复，但这是重生的必经之路。正如情感专家埃丝特·佩瑞尔（Esther Perel）所说："在这个时代，很多人会经历多段感情或婚姻。如果把出轨当作上一段感情或婚姻的结束，现在你们愿意跟眼前这同一个人，开始另一段感情或婚姻吗？"[1]

　　如果你愿意，无论多艰难，都不要让爱的火苗熄灭；如果你不愿意，也要跟伴侣好好分手，再各自寻找生路。

1　参见〔比利时〕埃丝特·佩瑞尔：《重新认识出轨行为》，https://open.163.com/newview/movie/free?pid=MB0RRVMUG&mid=MB0RSGCRH，2021年8月10日访问。

爱的练习

假设你遭遇了出轨，试着回答下面的问题。

♥ 如果你是出轨方：

我的伴侣所受的伤害是：

他的伤害带给我的感受是：

我希望能为他做的事是：

真诚地向他表达你的歉意。

♥ 如果你是被出轨方：

我所受的伤害是：

他为弥补伤害所做的努力是：

Chapter 6
如何应对
出轨和分离

我选择原谅他的原因是：

为此我要克服的困难是：

给自己设置一个时间界限。比如，我希望到＿＿＿＿时，这件事的影响能减轻一些。

03

如何应对分离

伴侣之间的亲密关系会经历很多关口，如果两人共同渡过难关，关系就会继续，甚至变得更好；如果过不去，两个人就会关系破裂，就此分开，寻找各自的生活。出轨只是关系破裂的其中一种原因，夫妻之间可能会因为各种无法解决的矛盾而分离。很多时候，人们把分离看作关系的失败。这虽然有一定道理，但换个角度看，分离同样是处理关系难题的一种方式。正是因为关系太痛苦、太难处理，我们才不得不选择分开。分离的最终目的，是让两个人摆脱关系的纠缠，各自寻找新的可能性。

作为一种解决问题的办法，分离有成功的分离和不成功的分离。

成功的分离，是接受这段关系的逝去，让这段关系活在心里，美好的部分变成温暖的回忆，不好的部分则成为经营下一段关系的重要经验。

不成功的分离，则是仍然试图活在这段逝去的关系里，美好的部分变成不肯放手的执念，不好的部分成为不敢重新开始的创伤。

夫妻的分离常常会牵扯到双方家庭、身份变化、财产处理、孩子抚养等，比失恋复杂得多。想要成功地分离，需要处理好这些难题。

分离后的三个心理阶段

分离的双方会经受什么样的情感历程？

根据鲍尔比的依恋理论。孩子在与依恋对象分离时，会经历不同的阶段：从抗议和愤怒到绝望，再到最后的疏离。分离作为一种依恋的丧失，同样会经历三个心理阶段：愤怒，悲伤或失落，接受和放下。

第一个阶段：愤怒

当面临分离时，关系双方，尤其是被抛弃的一方，通常会产生很多愤怒，这些愤怒的核心是："你怎么能够背叛我们的感情？！""你怎么能够抛弃我？！""你毁了我的感情和生活！"

一个来访者说："我一直以为结婚后可以好好过安稳的生活，却没想到她是这么自私和绝情的人！我在这段感情里摔得头破血流，感觉这辈子再也爬不起来了。"虽然他已经离婚两年，但说起前妻，他仍然恨得咬牙切齿。这两年，他酗酒成性，无心工作，生活过得十分潦倒。他的愤怒一直没有消解，所以通过让自己过不好来惩罚前妻，让她自责和内疚。只是这从头到尾都是他的独角戏。

有时候，愤怒背后是对委屈和悲伤的防御。

我见过一对分离的夫妻，两人在婚姻中一直处于互不相让的状态，在一次激烈的争吵中，妻子又说要离婚，以前丈夫总不接这个茬，这次气极了，就说："离就离，现在就来写离婚协议！"两人真的签署了离婚协议。

在办理离婚手续期间，夫妻俩要经常见面处理相关事宜，每次见面，两人之间的气氛都很紧张。有一次见面，丈夫想缓和一下，开玩笑说："你今天的裤子和鞋子没搭配好，没以前好看了。"妻子马上反驳："那你自己呢？你自己就好看了吗？"

妻子如应激反应一般的愤怒，其实是一种自我防御，摆出一副强硬的姿态，等对方认输。

她的愤怒背后还有另一种隐秘的情绪——对挽回关系最无望的希望。她其实对丈夫还有期待，丈夫却不愿满足她的期待，愤怒因此无法消解。要走出愤怒，只能慢慢接受现实——无论曾经跟这个人有多深的爱恨情仇，现在都已经跟他没关系了。

第二个阶段：悲伤或失落

为什么一个人宁愿一直对前任保持愤怒，不愿平息怒气呢？因为如果摆脱愤怒，他就会进入第二个阶段：悲伤或失落。悲伤或失落要比愤怒更让人难以忍受。

无论曾经与对方有多深的情感纠缠，当他意识到从此与对方再也没有关系时，失落感会非常强烈。这种失落有时出现在夫妻拿到离婚证的那一刻，有时出现在伴侣搬出去独自生活的那一刻。

有一个来访者说："那天我跟丈夫去办离婚证，办完以后我才忽然发现，彼此真的再也没有联系了。他问我微信好友留着还是删了，我嘴上说无所谓，心里想的却是最好能留着，我还是很希望能跟他保持淡淡的联系。坐在回家的公交车上，我想起以前的点点滴滴，想给他发个微信'祝你幸福'，却发现信息发不出去，他已经把我拉黑了。我靠着公交车的车窗，默默哭了好久。"

曾经的亲密爱人变成没有关系的人，对任何人来说，一下子都很难接受。因为不愿意接受对方已经离开的事实，很多人选择停留在悲伤或失落中，就算过了很多年，想起这段感情依然会难过。有的人则宁可记恨对方，也不想承认已经失去对方的事实。如果承认了，这个人也就真的离开了。

第三个阶段：接受和放下

当你承认对方真的已经离开，并允许自己悲伤和失落时，就会进入第三个阶段——接受和放下。

在这个阶段，你能够接受伴侣已经离开，自己有过一段不成功的感情的事实，并且不再为他产生太多情绪波动。想起他时，你不再有强烈的爱或恨，而是接受他跟你已经没有什么关系了。也许你对他还有些微的讨厌或好感，这种些微的程度，就代表着你跟他的正式分离。

但是，要做到真正的放下，除了自己内心的平静，你还要克服外部环境带来的压力。

这个时代，虽然离婚率不断攀升，但大多数人仍抱持着传统的社会价值观念，对离婚有极大的偏见，认为这是一种失败或不光彩的经历。这种偏见会给离婚的人带来很大的心理压力。为了逃避压力，很多人把离婚当作秘密，不敢让别人知道。这本身没什么，离婚是隐私，不需要刻意向别人透露。问题在于，保守秘密本身也会造成巨大的心理压力，既消耗了心力，也很难与别人真正亲近，导致他们变得更加孤独、封闭，而这段时间明明更需要朋友的支持。

分离是新生活的契机

分离在很多人心里是一个充满抛弃、伤害、失败的消极的故事，但它也可以变成一个重新寻找和发现自我、发现爱的积极的故事。

故事里有重新生长的勇气。

结束一段不适合自己的关系，是需要勇气的。一个来访者说："没离婚时，我一直觉得胸口有一块石头压着，连做梦都会焦虑得惊醒。离婚以后，这块石头一下子没了，整个人变得轻松舒展。我很高兴自己有勇气结束这段不合适的关系。"她把离婚当作自己做过的最有勇气的事。这股勇气帮助她顺利从离婚中走出来，开始新的生活。

故事里有自我的新的身份认同。

在亲密关系中，伴侣是彼此生活中最重要的角色，可能一个人所有的想法、行为、目标、价值都是围绕伴侣进行的。所以当他们失去关系，也就失去了在关系里的身份，很多人因此不知道自己是谁，找不到自己的定位。

但正因为如此，他们才有机会寻找新的身份认同。有的人聚焦于事业，挖掘自身新的才能；有的人享受单身生活，活得多姿多彩；有的人拓展精神生活，充实自己的大脑。在失去关系的束缚之后，他们反而发展出了新的自我。

故事里也有从痛苦中学到的经验。

一个妻子在离婚以后说："离婚后，我最大的领悟不是自己有多好或者对方有多坏，而是真正看清了自己，更明白两个人在一起的意义。好的婚姻永远是两个人一起努力经营，而不是一个人一味付出，另一个人委曲求全。"后来，她带着这些经验开始了新的婚姻。她变得更成熟，也更知道如何处理感情中的纠结。

故事里还有爱。

一个来访者在结束不快乐的婚姻后跟我说："那天下着雨，我一个人沿着山路走到一座寺庙，就进去拜了。我该祈祷些什么呢？保佑我们的关系？我们的关系已经结束了。保佑我遇到一个更好的人？我现在没有这样的兴趣。于是，我在心里说：菩萨保佑，请你让他原谅我对他的伤害，也让我原谅他对我的伤害吧，让我们各自安好。"

成功的分离需要依靠爱，不过，依靠的不是对这个人的爱，而是对人性弱点的怜悯，对爱本身的信心。

分离是从"我们"的故事回归"我"的故事

在面对亲密关系的问题时，我一直秉持一个理念：在亲密关系里，所有事情都"跟我有关"。

怎么理解"跟我有关"呢？这并不是谁对谁错的问题，在亲密关系中，伴侣的状况就是你要处理的问题。遇到关系难题，不要一味责怪对方，期待他改变，而要先问自己做了什么，才导致他产生这些问题。只有承认他的问题跟你有关，你才能在亲密关系中找到改善关系的办法。

当然，分离是另一种情境。因为不需要再处理跟他的关系，你可以认为：这件事就是他的问题，跟我无关。

从与我有关，到与我无关

在一个亲密关系工作坊中，在我说完"所有事情都跟我有关"的理念后，一个学员对这个观点表示反对，并分享了她自己的故事。

她说："在上一段婚姻里，我也曾想过所有的事都跟我有关。那时我总是不停自责，觉得是自己不好。但离婚以后，我体会到一种从未有过的轻松和自由。现在回想起来，离婚是我做过的最正确的决定。现在的我绝对不想再回到那段婚姻里。"

原来，她前夫控制欲很强，无论做什么事，他都能找出她的错误，洋洋得意地批评她，并因此获得一种优越感。他总爱挂在嘴边的话是：

"你知道自己错哪里了吗？"有一段时间，她每天都过得提心吊胆，回家前总要先想一下自己今天有没有什么疏漏。

她是一个很会反省的人。最开始前夫说她错了，她会认真去想自己哪里做得不对，有时候也会承认自己错了。可是这样的日子并不开心。当意识到反省变成一种沉重的心理负担后，她就开始反抗前夫。反抗加深了他们的矛盾，最后，她选择离婚。

她说："现在我并不觉得我在这段关系中有什么错。如果一定要说有错，就错在我没有更早地离开他。"

我说："我支持你。听完你的故事，我也觉得你并没有错，是你老公自己心里的不安全感，逐渐把他幻想中你的离开变成了现实。"

"我们"的故事 vs. "我"的故事

有的人可能会觉得奇怪：你不是说不要一味责怪对方，所有关系里的问题都与自己有关吗？怎么现在又说她没有错了呢？

其实，关于亲密关系，有两个不同的故事。一个是"我们"的故事，另一个是"我"的故事。

"我们"的故事讲的是两个人如何更好地相互影响、相互配合。在"我们"的故事里，没有清楚的是非对错，所有问题都归结于双方配合得好不好。经营亲密关系是关于"我们"的学问。从"我们"的角度来说，有时候，"我"不仅得不到支持和安慰，反而要承担更大的责任。这对"我"来说，有委屈，甚至不公平的地方。但"我"要相信，改变是从自己开始的，当自己有所改变时，对方就会做出相应的改变。最终，"我们"的故事的结局，是"我"的委屈和不甘变成"我们"的相互理解和奉献。

可是如果"我们"的故事讲不下去，它就会重新变成"我"的故事。"我"的故事通常是摆脱束缚，反抗压迫、控制和驯化的故事，是自我觉醒、成长和转变的故事。在"我"的故事里，摆脱曾经束缚自己的关系是"我"要面对的挑战，勇敢离开是"我"走出依赖、突破心理舒适区的方式。最终，"我"的故事的结局，是找到了自己的力量，发现就算没有对方，"我"也能活得好好的，甚至比"我们"在一起时更好。"我"的故事很重要，因为没有自我就没有一切。

上面案例中的学员讲的就是"我"的故事，其中有女性摆脱婚姻束缚、重新寻找自我的干脆利落。显然在"我"的故事里，她活得更舒展。

人们通常有一种偏见，觉得维持一段关系是好的，放弃一段关系是不好的。作为一名处理家庭和亲密关系的心理咨询师，我会小心地避免抱有这种偏见。亲密关系出现危机的夫妻，无论在一起还是离婚，都不是一种错误，而是一种选择。只有一种情况称得上错误，就是明明想要改善亲密关系，却拼命讲"我"的故事；或者明明已经分开，却仍然在讲"我们"的故事。不是这个故事本身不对，而是它没法带你去你想要去的方向。

爱的练习

♥ 你对亲密关系的认识，更接近于"我"的故事还是"我们"的故事？它是否能带你达到你想要的目标？

♥ 假设你经历了关系的分离，试着回答下列问题。

我对前任的感觉是：

前任给我的影响是：

如果可以，我希望跟前任维持的关系是：

04

如何做一名合格的前任

一对伴侣分离后，就进入一种新的关系：前任。前任是一种特别的关系，两个曾有深刻的依恋关系，珍视彼此的人，现在却变成了"最熟悉的陌生人"。

从某种意义上说，前任代表了过去的那段感情。走出过去的感情与处理好跟前任之间的关系，其实是一回事。

该怎么处理与前任的关系呢？有的人与伴侣分手后，仍对他念念不忘，期待跟他的感情还能有一个好结果。就算不复合，也期待能和前任保持联系，成为彼此的朋友、亲人，至少是特别的那个人。另一些人虽然分开了，却仍对对方有很强烈的愤怒，前任成了想都不能想、提都不能提的伤口。这种敏感，提示着前任在他心中仍然占据重要的位置。

但是，如果说亲密关系中好伴侣的标准是两个人在情感上足够近，分手以后，好前任的标准就是两个人在情感上足够远，最好没有关系。

"没有关系"是指不再介入彼此的情感生活，不再激起彼此强烈的爱恨情绪。爱变成了好感尚存，恨变成了有些讨厌。如果说在亲密关系中，两个人可以彼此疗愈，那么在分开以后，两个人都需要独自疗伤。

想做到"没有关系"并不容易，和前任的关系不仅存在于物理空间，还存在于心理空间。共同生活得越久，前任的影响就越大。

与前任"没有关系"的三个阶段

如何与前任慢慢变得"没有关系"呢？通常至少需要经历三个阶段。

第一个阶段：敏感期

通常分手有三种情况。第一种是双方还有感情，因为现实的原因，如两地分居、父母反对而分离；第二种是一方带着很大的恨意，另一方带着很大的歉疚，双方都因为很大的心理问题，无法共同生活而分离；第三种是两个人在分开之前已经没有感情了，分手只是一个形式。

无论哪种情况，分手都会带来伤害。伤害容易激起一个人自我保护的本能，和前任有关的任何信息，都会变成激起情绪反应的应激源。所受的伤害越深，对与他相关的信息就越敏感。似乎前任的离开给生活留下了一个巨大的黑洞，需要非常小心才能避免掉入黑洞里。

我有一个女性朋友，就叫她小艾吧。小艾几年前离婚了，离婚的原因是伴侣出轨。这段关系成了她的创伤。她没有跟前夫争任何财产，只求速速离婚。离婚以后，她拉黑了前夫的微信。对于共同的朋友，能不来往的就不来往，不得不来往的，她也会提前说明："不要说他，我不想听到任何关于他的信息。"有一次，她去家附近的一个商场买东西，看到前夫的车停在那边，人没在，她赶紧跑开了。以后她宁可绕远路，也不再去那个商场。

我问她为什么这么怕听到前夫的消息，她说："我担心自己承受不住。听到他的任何消息，那些婚姻中最后的恐惧、愤怒、龌龊、伤心就会把我淹没，整个人会像燃烧起来一样焦虑不安。"

虽然很多人不会像她这么敏感，但是对前任的应激性反应仍然非常普遍。应激反应通常有两种典型的表现，一种是逃开，回避任何跟前任有关的信息。如果无法逃开，就会进入另一种应激反应——愤怒。

应激反应还会带来更深的心理影响。与其他创伤不同，关系创伤的特别之处在于，那个伤害你的人，同时也是你爱过，甚至可能还爱着的人。这就会带来委屈、不甘、依恋、失落等各种复杂的情绪，这些情绪会留在心里，继续发酵，扰乱你的心神。

小艾说："虽然我不再接触跟前夫有关的任何信息，但我们离婚之前他否定我的声音经常在我耳边回响。这些声音变成了前夫在我心里的影子。有精力的时候，我会恶狠狠地否定它们，就像跟前夫吵架一样。没有力气时，这些骂我的话就会穿透我，让我觉得自己就是这样，一无是处。"

前夫的影子还会投射到别人身上。离婚后不久，小艾交了一个男朋友，人很好，对她也很不错，可是她说："有时我会故意对他很冷漠。

吵架时，我会把前夫伤我最深的几句话故意说给他听。我好像把对前夫的恨转移到了他身上，以此报复前夫对我的伤害，让我痛快一些。"在这种敏感的状态下，他们很快就分手了。

后来她是怎么走过这一阶段的呢？

小艾原来是一个非常内向的人，但那段时间，她交了很多新朋友，尝试了很多新的东西，一直在往外走。她有经营公司的经验，所以开了一家新公司，把所有精力都投入到事业上。慢慢地，婚姻以外的关系、事业，开始变成"自我"可靠的基础。

亲密关系是很多人的精神支柱。而走出分离的关键，就在于能够在亲密关系之外，发展起其他支撑自己的精神支柱，扩展情感以外的世界。在亲密关系中，伴侣占据了很大空间，而分离以后，这个空间就变成一种空洞，你需要扩展新的空间，才能让这个空洞变小。

第二个阶段：陌生期

在这个阶段，前任离开所留下的巨大空洞，已经由工作、家庭、友情或新的情感填补，人们已经适应了没有前任的生活模式，前任已经不能激起心里的波澜了。

小艾在三年后才第一次联系前夫，因为孩子要上小学，学校要求父母双方都加入家长群。那时她对前夫已经没有那么敏感了，但她还是做了整整两天的心理建设，不断告诉自己："儿子需要父亲。如果不去争取，你就是拿儿子的利益来为自己的懦弱买单。"

最后，她鼓起勇气拨通电话，听到电话那头的人说"喂"，这是三年来两个人的第一次接触，没有想象中激动，但还是很特别，有一种恍若隔世的陌生感。她告诉我："在离婚前，我和他共同生活了八年，有无数亲密的回忆。可是在打电话时，电话那头的人感觉很陌生，我甚至无法把他和记忆里那个亲近的人联系在一起。我有点怀疑自己的记忆，怀疑这一切是否发生过。"这种陌生感意味着她心里对前任的感情正在慢慢变淡，那个最特别的人重新变成了普通人。现在她终于可以说"真的不爱了"。

第三个阶段：新关系

对于很多分手的伴侣而言，陌生期就是两个人关系的终点，从此形同陌路，相忘于江湖。但也有一些人因为孩子或工作，需要和前任发展新的关系。这时，他们的关系就进入了第三个阶段。在这个阶段，两个人找到一种新的关系模式，不再以夫妻的关系相处，而是以新的身份互相配合。

还是以小艾为例。为了孩子，有时候她需要和前夫配合做一些事，所以他们加回了微信，但关闭了彼此的朋友圈。平时孩子住在奶奶家，每周五，妈妈会把孩子接过来，周日爸爸再把孩子接过去。

有一天，她听孩子的奶奶说前夫好像跟现在的女朋友分手了，就问前夫："你是不是跟那个女孩子分手了？"前夫说没分。她"哦"了一声，这事也就过去了。她的本意是如果他分手了，孩子就有机会跟爸爸多待几天，既然没分，不方便就算了。她完全是以孩子妈妈的身份在询问这件事，曾经很在意的事，已经无法引起心中的波澜了。

从敏感到陌生，再到新关系，在这样的过程中，曾经的伤害变得不再重要，两个人也各自开始了新的旅程。也许经历了分离，你才会发现，让生活继续比什么都重要。

虽然我们整本书都在讲爱，讲亲密关系，但是到了这里，我也愿意承认，亲密关系不是人生的全部。无论是否在一段亲密关系里，一个人都需要发展关系以外的生活、爱好、工作、朋友、精神世界，而在分离以后，生命的出路也许不一定是重新拥有一份亲密关系，而是更多自我的发展和自由。

爱的练习

♥ 收集三个"离了婚，却仍然过得不错"的案例，思考他们是如何做到的，有没有什么共同的规律。

案例：

他们如何做到：

共同规律：

05

如何减轻分离对孩子的伤害

结束一段婚姻，不仅是两个大人的事，很多时候还会牵扯到孩子，这是很多夫妻离婚时最痛心的地方。夫妻双方在处理各自的问题和内心的伤痛时，如何保护好孩子成为他们最关心的话题。如果处理不好，孩子受到的伤害就会伴随他的一生，甚至改变他的人生走向。下面我们就来谈谈，分离的夫妻如何做才能减轻分离对孩子的伤害。

如何帮助孩子面对父母的分离

无论对于父母还是孩子，家都曾经是温暖的港湾。现在原先那个家没了，分离的夫妻该如何引导孩子面对这个事实呢？

与父母一样，几乎所有孩子都会在父母离婚之前努力让这个家维持下去，比如帮助妈妈让爸爸下班早点回家，或者用自己的乖巧让父母舍不得分开，甚至不惜把自己变成一个病人，让父母为了照顾他而站在一起。那些总是被父母卷入冲突的孩子，更是会责怪自己，觉得是自己做得不够好，才会导致父母离婚。

如果夫妻看到孩子为挽回家庭所做的努力，可以跟孩子说："爸爸妈妈看到你尽力想要挽回我们的关系，很感谢你，只是我们想要换一种活法，也许分开后彼此都会活得更好。无论如何，我们都是你的爸爸妈妈，会永远爱你。"

离婚之后，家的残缺很容易被孩子理解为自己的残缺。当看到别人有完整的家而自己没有时，孩子常常会觉得自己低人一等。这时候夫妻可以跟孩子说："你并不是没有家了，以后你会有两个家，爸爸的家和妈妈的家都是你的家。"

其实孩子对家的看法受父母影响很深。如果大人觉得离婚是一件羞于启齿的事，那么孩子也会把它当作一个不可告人的秘密。如果大人自己的接纳程度比较高，那孩子自然也会接纳家庭的变化，并培养起新的安全感和归属感。就像一个单亲家庭的孩子在介绍自己时很自然地说："我家只有我和妈妈，可她是世界上最好的妈妈，我很幸福。"夫妻逐渐从分离的伤痛中走出来，给孩子安定感，是对孩子最大的抚慰。

如何帮助孩子处理选择难题

与分离相伴的，是孩子必须在父母之间做选择，无论主动还是被动，对孩子来说，这无疑是巨大的痛苦，因为这不仅是生活的选择，还是情感亲疏的选择。孩子选择了跟谁一起生活，自然会慢慢跟这个人亲近，而跟另一个人疏远。

一个初中的孩子在面临选择时说："我最想选择的，不是跟着父亲，也不是跟着母亲，而是成年以后一个人去另一个城市生活。现在无论选择跟谁，我都会失去另一个。也许只有等我一个人生活了，才能同时拥有他们俩。"

如果夫妻是和平分手的，孩子的选择可能容易一些。有的夫妻会跟孩子说："你可以选择跟爸爸或者妈妈生活，但是在情感上，你不需要选择跟一个人亲近而疏远另一个人。"

可是，大部分夫妻离婚都伴随着激烈的矛盾，孩子的选择因而变得非常困难。一方面，孩子的情感会受依恋对象的影响，比如妈妈对爸爸有很大的恨意，孩子通常也会和妈妈一样恨爸爸；但另一方面，在孩子心底，又很想爱爸爸、依靠爸爸。

如何让孩子避免面对这种选择？最好的方式，当然是夫妻能够相对和平地相处。也许我们作为夫妻不够成功，但是可以试着做成功的父母。在分离时，如果夫妻规划好了孩子的生活，那孩子只需要遵循计划，按部就班地生活、学习，不必在父母之间做选择。可是，如果夫妻的矛盾延续，孩子的内心也会变成父母情感的战场，因而一直在矛盾中纠结。

这并不是说夫妻两人离婚后一定要做朋友，而是说要学会把伤害留在过去，把离婚当作一个结束，不要把愤怒、怨恨的情绪带给孩子。无论过去有多少爱恨情仇，现在两人都自由了，而孩子也有权利拥有自由。

如何划定教养的边界

一对伴侣离婚后，就不再是夫妻了，可是作为孩子的父母，他们仍然有很多需要协作的地方。要让一对离婚的夫妻协作并不容易，他们就是因为协作不好才离婚的，在孩子养育上的协作，当然也会遇到很多挑战。很多离婚的夫妻常常看不惯对方教育孩子的方式，尤其当孩子出现问题时，孩子的问题又会变成新的矛盾。

所以，离婚的夫妻在养育孩子时，需要划定彼此的边界。如果一方承担了孩子的抚养责任，那么，无论另一方多么不赞同他的教养方式，也必须尊重他的做法。即使再不认同，也不应该随意发表意见，更不能贸然纠正和干预。否则，很可能不仅帮不上忙，反而会引来混乱，让孩子无所适从。

相应地，另一方也可以要求在自己陪伴孩子的时间里，孩子只能听自己的。这样，孩子才可能把两方的爱整合到一起，而不会在父母的矛盾中左右为难。

如何避免关系的纠缠

一般来说，在单亲家庭中，抚养孩子的父亲或母亲和孩子的关系会更加亲近，因此很容易把情感寄托在彼此身上。久而久之，就容易出现孩子和父亲或母亲之间的关系纠缠。这种纠缠既表现在彼此对对方的反应非常敏感，也表现在一定程度上的离不开。

如何摆脱这种纠缠呢？离婚的父母需要在孩子以外重建自己的生活，孩子需要发展对父母以外的同伴的兴趣。

有一些离婚的夫妻觉得自己已经对不起孩子了，不想再找另一半，只想跟孩子好好生活。可是他们没有想过，如果孩子成为他们的全部，就意味着他们要为孩子的一生负责，而孩子也会觉得自己应该为父母的一生负责，这种彼此给予的沉重负担，很容易把爱变成怨。

大多数离婚后仍然过得很好的家庭，有一个共同的特征，就是夫妻各自有除了孩子以外的生活空间。父母有自己的工作、朋友，有其他家人的支持，孩子慢慢也会找到自己的朋友和生活。

减轻孩子所受伤害的最大秘诀，就是夫妻在离婚后过好自己的生活。如果既能从父亲或母亲那里获得情感上的支持，又不用承担抚养者情感上的负担，孩子就能更好地做自己。

爱的练习

♥ 如果孩子已经足够懂事，与孩子认真地谈一次，了解他对父母离婚
的看法，以及离婚对他的影响。试着做些什么来降低离婚对孩子的
影响。

孩子对离婚的看法：

离婚对孩子的影响：

降低影响的方法：

结语

......

亲密关系，最艰难的创业

从亲密关系的心理准备、关系中的沟通、关系的空间，到孩子带来的挑战、我们和原生家庭的关系，再到如何处理关系中的背叛和分离，本书写到这里，已经接近尾声。

在书的最后，我想跟你谈谈，应该用什么态度对待和经营亲密关系。

美国知名剧作家斯蒂芬·桑德海姆（Stephen Sondheim）曾经写过一部音乐剧《魔法黑森林》（又名《拜访森林》）。音乐剧的第一幕是我们熟悉的童话故事：灰姑娘嫁给了王子，长发公主被骑士从高塔里拯救出来，小红帽从大灰狼的口中逃脱。所有的故事都有一个完美的结局。

可是故事的第二幕，每个角色都开始不满，希望得到别的东西。嫁给王子以后，灰姑娘对白马王子的幻想破灭，感到十分空虚，想通过策划一个节目来寻找生活的意义。而王子对灰姑娘和她的欲望感到厌倦，希望自己当初追逐的是睡美人。长发公主变成了母亲，原生家庭带给她的影响让她变得歇斯底里，而她的骑士开始对她感到恐惧，渐渐疏远了她。小红帽更是对祖母的死深感绝望。她们都漫无目的地在森林里游荡，希望找到新的故事线索。

如果说，亲密关系的开始如同人们所熟悉的童话，王子和公主幸福地生活在一起，那么，随着亲密关系的发展，人们会进入人性最真实的黑森林。

黑森林里有被爱的甜蜜，也有遭遇背叛的痛苦；有成长的喜悦，也有迟到的领悟；有难言的委屈，也有意外的感动；有欲望和挫折，也有平静和失落。唯一没有的，就是一个既定的剧本。

它不是任何书本上的故事，也不是别人的故事，而是你和伴侣的故事，是你们在每一次互动中共同写成的亲密故事。只有你们才能决定这个故事的走向，也只有你们才能决定最终会在这座黑森林里找到怪物还是宝藏。

但无论如何，亲密关系是一个发展的故事。它不是一蹴而就的，也没那么理所应当。关系是在不断发展的，原来确认过眼神的对的人，慢慢也会变得不对；原来不那么对的人，慢慢也会变对。好的感情需要两个人经历很多事，跨越很多难关，才能获得。这其中的关键在于你用什么态度对待和经营亲密关系。

如果用经济活动作类比，人们对亲密关系一直有两种态度：投资者和创业者。

你可以抱着投资的态度，把自己当作投资人，选一个好的创业者或创业项目，也就是伴侣，投入资源，通常是在一起的感情和时间，然后等待收益。如果你对这个创业者不满意，或者这个项目黄了，你可以换个项目重新开始。当然，投资人跟创业者也需要配合，但总体来说，投资人是置身事外的。

而另一种态度是创业者的态度。创业也包括选择好项目，但这只是公司能否经营好的开始，之后还要经历无数事情：与合伙人的磨合、应对市场的变化作出策略调整、员工管理……它会一直对创业者的能力提出挑战，不断产生需要创业者解决的新问题。它是一个随时变化的、连续的过程。

用投资者的态度来思考爱情，你会觉得亲密关系好不好，是人的问题，而不是相处或磨合的问题。所以，你会等待对方把他的事做好，并且考核对方是否合格。如果他没做好，你就会责怪他，甚至威胁要撤资，换一个项目再投。当然，对方会反抗这种考核，他会想："我也投入了感情，怎么就变成一个被考核的人了？"一个不断考核，另一个厌烦、抗拒、逃避，形成恶性循环。

可是，如果用创业者的态度思考爱情，你就会知道，要想让一个项目成功，你必须倾其所有。你不会因为遇到问题而后悔当初选的项目不对，因为创业就是遇到问题、解决问题的过程。你没有什么人可以怪罪，也不能等着别人来救你。它就是你的事，你就是那个最终为这个项目负责的人，也是最终承受结果的人，不论成功或失败。

亲密关系是最艰难的创业项目，遗憾的是，很多人却把自己当作投资人。

一行禅师曾说："当你种植莴苣时，你不会因为它没有生长好而责怪它。你会认真思考为什么它没有生长好。也许需要肥料，或者更多的水，或者更少的阳光。你永远不会责备莴苣。然而，我们与朋友或家人之间出现问题，我们却责备他们。"[1]

这可真是奇怪。人们总觉得爱情是一种特质，当关系出现问题时，就会责怪对方缺少这种特质，却没意识到，爱情是一种能力，一种在亲密关系的经营中逐渐培养出来的能力。获得这种能力的前提是，用一种创业者的态度努力经营它。

在回答"什么是理想家庭"这个问题时，家庭治疗大师米纽庆说："其实并不存在什么理想的家庭。并没有一个家庭是没有冲突、没有问题的。只要这个家庭具备修复冲突、解决问题的能力，那它就是一个足够好的家庭。"

一个有修复能力的家庭，就是一个足够好的家庭。别小看这句话，它把好家庭从标准的、静态的、理想化的模板，转变成动态的、解决问题的能力。我们看待家庭所遇到的困难的视角，也因此发生了变化。

我曾经遇到过很多关系出现问题的家庭。故事的一半是这些家庭遇到了各种问题：夫妻矛盾、孩子管教、背叛出轨、婆媳难题……这是肉眼能看到的。故事的另一半，则是这些家庭如何应对这些问题。

受伤、指责、抱怨是一个故事的版本；重新发现彼此、为对方改变、原谅和放下，也是一个故事的版本。后一个版本才是更重要的家庭故事。

在《回家》这本书中，米纽庆坦诚地讲了他的家庭生活。他讲到跟相伴多年的妻子之间的矛盾，从关系空间的划分到孩子的教育，不一而足，直到两个人慢慢形成复杂的互补。他说："就佩特和我而言，我们

---

1 〔法〕一行禅师：《活在此时此刻》，龙彦译，天津人民出版社2019年版。

体验了四十多年做夫妻和做自我之间的紧张，我们挣扎、合作、成长。多年以后，我们的互补性日趋复杂。想要独处并非意味着背叛，屈服不是被打败，依赖不等于软弱，主动不是操控。"[1]

这样的互补是通过解决问题磨合出来的。

在我的咨询室里，来访夫妻解决了当下面临的问题后，经常会问我："老师，别的家庭都是什么样的？他们会不会遇到像我们这样的问题？"我说当然会。

事实上，我从没遇到过没有问题的家庭。类似如何分配家务、教育孩子的分歧、婆媳关系矛盾等问题，几乎所有家庭都存在。

他们也会问："那我们这个问题解决了，接下来还会遇到其他问题吗？"我说当然会遇到新问题，不过解决问题的能力会沉淀下来，变成一种相互配合的默契。

投资人只看到公司的利润，只有创业者知道这个利润是怎么来的。同样，有些夫妻只看到别的夫妻那么恩爱，因而抱怨自己的爱情不够好，却没有看到别人的恩爱是怎么来的。好的爱情，都是在经营中发展来的。而经营爱情，则需要学习。

英国心理学家杰夫·艾伦（Jeff Allen）在他的著作《亲密关系的秘密》[2]里说，亲密关系会经历四个阶段：蜜月期、权力斗争期、死亡期和伙伴期。

在蜜月期，人们会被爱情冲昏头脑，为找到彼此满心欢喜。可是

---

1 〔美〕萨尔瓦多·米纽秦、麦克·尼克：《回家》，刘琼瑛、黄汉耀译，希望出版社2010年版。（注："米纽秦"大陆通常译作"米纽庆"。）

2 〔英〕杰夫·艾伦：《亲密关系的秘密》，郭珍琪译，海峡出版发行集团2015年版。

这段时间并不长，当蜜月的光环褪去，伴侣就慢慢进入了权力斗争期。在一次次徒劳的斗争中，他们越来越发现伴侣面目可憎，无法容忍。他们开始变得倔强，非要说服对方变成自己心目中的样子，否则就不甘心。这背后有他们心里最深的渴望，希望伴侣能够满足。

权力斗争久了，两个人都累了，关系就会进入死亡期。这时候，双方已经失去了争吵的动力。他们放弃寻找真正的亲密，而是模仿亲密关系的范本来经营感情。内心最真实的需要和感受被忽略，取而代之的，是怎样做才会像一对恩爱夫妻一样得体、恰如其分。

这意味着伴侣双方进入了一段假性亲密关系，他们努力表现出应该成为的样子，心里却很清楚这不是真的爱情。对方的魅力已经丧失殆尽，自己也不再吸引对方。这时候，很多人会出轨、离婚，逃离家庭，重新找到爱的激情。

如果幸运地跨越"死亡期"，亲密关系就进入了一个新的阶段——伙伴期。伴侣会重新找到舒适的相处方式，跟彼此联结，相依相伴，独立又亲密地在一起。

究竟怎样才能跨越死亡期，来到伙伴期呢？我想，最好的答案也许是对自己和伴侣的重新发现。正是重新发现，让自己与自己、与伴侣、与世界和解。有人说过，好的爱情，就是一次次重新爱上同一个人。

既然这个尾声以童话开始，那我还是以童话来结束。这个童话你也许听过，是《安徒生童话》里的一篇，名字叫《老头子做事总不会错》。

乡村里有一对贫穷的老年夫妻，老婆婆让老头子把家里唯一值钱的马拉到镇上换点东西。结果老头子先用马换了一头母牛，又用母牛换了一只羊，再用羊换了一只鹅，又用鹅换了一只母鸡，最后用母鸡换了一大袋烂苹果。老头子扛着一袋烂苹果到一个小酒吧歇脚时，遇到两个有钱的英国人。英国人听了他的经历哈哈大笑，说他回去一定会被老婆骂一顿。老头子说："肯定不会。我老婆肯定会很高兴地夸我，老头子做的事总是对的。"于是英国人就用一袋金币做赌注，跟老头子一起回家。

回到家以后，老婆婆看到老头子回来很高兴。老头子每跟老婆婆讲一笔买卖，她都由衷地赞叹老头子做得好。最后讲到烂苹果的时候，老婆婆说："太好了！我知道你今天要回来，本来想给你做香菜鸡蛋饼。家里没有香菜，我就向隔壁学校老师的太太借，可是那个老师的太太说：'我连一个烂苹果都不会借给你。'现在我们不仅不用借她的，还可以借给她十个，甚至一整袋烂苹果，这事儿想想可太好笑了。"说着就吻了老头子。英国人一看，只好输了一袋金币给老头子。

以前看这个童话时，只觉得这一对老夫妻真傻，后来不幸福的夫妻见多了，才明白他们的智慧。

可是，这对夫妻究竟经历了什么，才变成现在这样？

他们可能也经历过王子和公主式童话的幻灭，妻子也为丈夫的无知愤怒和懊恼过，丈夫也曾想过逃离自己的妻子。他们一定经历了很多事情，才发现亲密关系真正的秘密。故事里的那袋金币，其实不是英国人输给他们的，而是他们在亲密关系中自己创造的。

希望你们也能在亲密关系中创造属于自己的财富。

爱的练习

♥ 找一个时间，和伴侣各自独立完成"我们"情感发展的时间线。时间线用坐标轴表示，横轴代表时间点，纵轴代表在这段时间的感受；正值代表正面感受，负值代表负面感受。确保感情的时间线包含关于"我们"的重要时刻，比如：

什么时候相遇？

什么时候决定在一起？

一起经历的重要事件是什么？

深受感动的时刻是什么？

产生误解和遭遇困境的时刻是什么？

……

和伴侣分享这条你们一起走过的情感时间线。

♥ 如果你觉得这本书对于改善亲密关系有所帮助，请你把这本书分享给两位朋友。希望你的朋友也能和你一样，与自己的爱人亲密相处。

致谢

写致谢的时候，通常是一个作者心情最好的时候。一方面，一段艰难的知识创作旅程已经接近尾声，一部新的作品呱呱坠地，等着和读者见面。另一方面，他也自然会想起这段旅程里很多陪伴他、帮助他的人，让他觉得自己并不孤单。

我要感谢罗振宇和脱不花。从我在得到App开设第一门课《自我发展心理学》开始，他们就不遗余力地给我很多支持和帮助，并经常以夸得让我脸红的方式推荐我。我要感谢我在得到App的课程编辑宣明栋老师、Emma、孙翘俏和庄妍，他们给《亲密关系》课程的很多脑洞和建议，至今仍被保留在这本书里。我要感谢得到图书的负责人白丽丽老师，从上本书《了不起的我》出版开始，我们就结下了深厚的战斗友谊。我还要感谢本书的执行编辑师丽媛老师。两位老师总是能从读者的角度，给我很多反馈和建议。如果没有你们的辛苦付出，这本书就不会像现在这么好。

同时我要感谢刘擎老师、吴军老师、李维榕老师、刘丹老师、孟馥老师和沈奕斐老师，谢谢你们的真诚推荐。

我在得到开设的三门课程《自我发展心理学》《亲密关系30讲》和《家庭关系21讲》，已经有近30万订阅用户了。很多用户留言说课程对他们帮助很大。这些留言给了我很多鼓励，让我觉得自己的工作特别有意义。也有很多用户提出了自己的问题，对这些问题的思考和回答，加深了我对亲密关系的了解和认识。曾经的我在作为一个大学老师，面对教室里的学生讲课时，不会想到有一天自己的课程会有这么多听众。能通过课程跟这么多人结缘，真是一件美好的事。

我要感谢我的来访者。书中涉及的案例信息都经过匿名处理，并做了一定程度的修改。其中很多片段是真实的，感谢来访者允许我使用这些案例。感谢他们带我深入他们的经验，去理解亲密关系中的爱和痛，并经由我的描述，把这些经验带给大家。

感谢我在家之源的老师李维榕博士，她是这本书最重要的思想来源。她不仅传授给我关于家庭和亲密关系的知识和理念，还帮我发展出一种特别的眼光，去看见关系、看见人与人的互动、看见家庭和亲密关系的症结，以及可能的解决之道。

最后，在这样一本关于爱、关于亲密关系的书里，我要感谢我的父母、爱人和孩子。因为有他们，亲密关系对我来说不再遥远，而是每天生活在其中。它就像水和空气一样，习以为常，却又不可或缺。

感谢你读到这儿，希望你喜欢这本书。

图书在版编目（CIP）数据

爱，需要学习 / 陈海贤著 . -- 北京：新星出版社，
2022.1（2023.3 重印）
ISBN 978-7-5133-4634-4

Ⅰ . ①爱… Ⅱ . ①陈… Ⅲ . ①心理学－通俗读物
Ⅳ . ① B84-49

中国版本图书馆 CIP 数据核字（2021）第 218530 号

爱，需要学习

陈海贤　著

责任编辑：白华昭
策划编辑：白丽丽　师丽媛　张慧哲
营销编辑：吴　思　wusi1@luojilab.com
装帧设计：李　岩　柏拉图
版式设计：吾然设计工作室
责任印制：李珊珊

出版发行：新星出版社
出 版 人：马汝军
社　　址：北京市西城区车公庄大街丙 3 号楼　100044
网　　址：www.newstarpress.com
电　　话：010-88310888
传　　真：010-65270449
法律顾问：北京市岳成律师事务所

读者服务：400-0526000　service@luojilab.com
邮购地址：北京市朝阳区温特莱中心 A 座 5 层　100025

印　　刷：北京盛通印刷股份有限公司
开　　本：787mm×1092mm　1/32
印　　张：9
字　　数：204 千字
版　　次：2022 年 1 月第一版　2023 年 3 月第五次印刷
书　　号：ISBN 978-7-5133-4634-4
定　　价：69.00 元